Cura Intuitiva

Um Guia para a Mulher Descobrir a Cura Interior

Beth Moran
com Kathy Schultz

Tradução
HENRIQUE AMAT RÊGO MONTEIRO

Apresentação de
JOAN BORYSENKO

EDITORA CULTRIX
São Paulo

Título do original:
Intuitive Healing

Publicado originalmente nos USA em 1998 por Element Books, Inc. 160 North Washington Street, Boston, MA 02114.

Publicado na Grã-Bretanha em 1998 por Element Books, Ltd, Shaftesbury, Dorset.

As informações aqui apresentadas não pretendem ser um substituto para nenhum tratamento que possa ser prescrito pelo seu médico. Se você suspeita de que está com algum problema de saúde, insistimos para que procure assistência médica.

O primeiro número à esquerda indica a edição, ou reedição, desta obra. A primeira dezena à direita indica o ano em que esta edição, ou reedição, foi publicada.

Edição	Ano
1-2-3-4-5-6-7-8-9-10	01-02-03-04-05-06-07

Direitos de tradução para a língua portuguesa
adquiridos com exclusividade pela
EDITORA PENSAMENTO-CULTRIX LTDA.
Rua Dr. Mário Vicente, 368 — 04270-000 — São Paulo, SP
Fone: 272-1399 — Fax: 272-4770
E-mail: pensamento@cultrix.com.br
http://www.pensamento-cultrix.com.br
que se reserva a propriedade literária desta tradução.

Impresso em nossas oficinas gráficas.

Sumário

Apresentação de Joan Borysenko 7
Prefácio 9
Agradecimentos 12

1 Percepção intuitiva 15
2 A conexão mente-corpo-espírito e o processo de cura .. 20
3 Roteiro do *stress*: o importante vínculo com a doença . 35
4 A co-dependência pode levar ao caos 59
5 Seios: uma visão geral 79
6 Sexualidade: os fatos verdadeiros 97
7 TPM: tudo está na nossa mente? 119
8 Pré-menopausa: a pausa que revigora 130
9 A atuação do bem-estar em sua vida 158
10 Quem é o responsável: a autodefesa? De modo algum! 178

Conclusão 194
Notas 195
Bibliografia 210

Dedico este livro a todas as pessoas que me ensinaram o que eu sei e que me ajudaram a me tornar, não apenas uma professora, mas também uma aluna.

B. M.

O conceito de professor como aluno
e aluno como professor
não é novo.
Ele tem sido professado pelas almas sábias
de todas as gerações.
Há muito o que aprender
com o processo de aprendizagem.
Mas, se quiser crescer,
o professor terá de continuar como aluno.

do *Livro de Emanuel*

Apresentação

Enquanto a medicina ocidental mantém sua visão tradicional do corpo como um conjunto de partes distintas, a abordagem holística, que considera o indivíduo como um todo integrado, vem se mostrando mais eficaz no tratamento das doenças.

Não resta dúvida de que temos um corpo físico, mas também somos seres emocionais e espirituais. Quando as emoções são bloqueadas ou as pessoas sentem-se desamparadas ou pressionadas, elas geralmente adoecem e podem piorar ainda mais, por melhor que seja o tratamento. Por outro lado, quando elas se sentem valorizadas, ligadas às outras pessoas e em harmonia com a vida, tendem a ficar bem. As pessoas convictamente otimistas, quando ficam doentes, melhoram logo, mesmo quando não se espera que o tratamento médico de sua doença produza resultados.

Essa maneira sensata de considerar o nosso bem-estar como um todo integrado tem sido cientificamente comprovada, durante as duas últimas décadas, com o advento de um novo campo de pesquisa médica chamado psiconeuroimunologia, ou PNI. As pesquisas indicam que as emoções são o elo de ligação entre a mente e o corpo. Beth Moran, uma enfermeira dedicada à orientação da mulher sobre os benefícios de adotar a postura holística nos cuidados com a saúde, analisa esse estimulante novo campo e sugere medidas simples e práticas de cura que às vezes conseguem reverter a doença naturalmente. Ao longo de sua extensa experiência com outras mulheres, ela descobriu que, pela análise de nossos problemas emocionais e espirituais, bem como físicos, podemos ajudar a mobilizar as defesas do corpo para atuar de maneira integrada com o tratamento médico. Por meio de seu método, ela espera que todos sejamos capazes de desenvolver comportamentos e estilos de vida positivos, afinados com a melhora da saúde e, mais importante ainda, com uma vida criativa, tranqüila e feliz.

JOAN BORYSENKO

Prefácio

Desde os dezessete anos de idade, tenho atuado em diversas funções na área da medicina – primeiro como estudante de anatomia, fisiologia, biologia e psicologia com aplicação prática nas enfermarias; depois como enfermeira-chefe de um centro cirúrgico; mais tarde, como enfermeira clínica de quatro cirurgiões; em seguida, como enfermeira e supervisora-geral do consultório de um cirurgião-oncologista; e, por fim, no meu próprio consultório, como enfermeira voltada para a saúde feminina, com ênfase na abordagem da cura holística. O que observei ao longo dos anos foi que a cura tinha a ver com um grande número de fatores, não apenas com intervenção cirúrgica ou prescrição de remédios, mas com um quadro mais amplo que abrange muitos fatores. Acabei acreditando que a mente, o corpo e o espírito devem estar sintonizados para que haja a cura completa.

Nos últimos trinta anos, tenho lido e estudado muitos aspectos da cura e dos tratamentos médicos e cheguei a algumas conclusões. A mais importante delas é que o que leva à cura não é o corpo ou a mente separados um do outro, mas uma combinação de fatores. Pareceu-me que os pacientes que se envolviam intensamente com seu tratamento, em vez de se colocarem como vítimas do sistema de tratamento, tinham uma oportunidade maior de se restabelecer e permanecer saudáveis. Quando comecei a atender no meu consultório em Sag Harbor, Nova York, conheci muitas mulheres que queriam fazer exatamente isso – cuidar da própria saúde fazendo perguntas e avaliando suas opções. Estimulei-as a ler sobre diversas técnicas holísticas e experimentá-las, como complemento ou em substituição a métodos alopáticos. Parece que uma abordagem mista funcionava muito bem, de maneira geral, e que cada mulher tinha de encontrar o seu próprio caminho.

As abordagens terapêuticas holísticas me agradaram tanto no plano pessoal quanto no profissional. A idéia de que o corpo tem a capacidade de se curar sozinho se receber o tratamento adequado me tocou profundamente. Encontrei muitos pacientes que sentiam o mesmo.

A terapêutica holística tem-se expandido bastante, e acredito que esse crescimento continuará a ocorrer nos próximos dez anos. Os profissionais da saúde, assim como os pacientes, decepcionados com a medicina ocidental, vêm buscando tratamentos complementares para facilitar a cura.

Com o aumento dos planos de assistência médica, muitos outros problemas têm surgido. É fundamental que os pacientes lutem pelos seus direitos, uma vez que as empresas de assistência médica atualmente controlam os profissionais da saúde com o objetivo de cortar custos. Infelizmente, muitos planos de saúde não cobrem tratamentos complementares, e o consumidor tem de pagar do próprio bolso os tratamentos, que muitas vezes saem caros. Os pacientes e os profissionais da saúde precisam começar a discutir sobre a validade e a necessidade de métodos complementares de tratamento. As pesquisas demonstram que tais métodos funcionam e muitos até mesmo previnem as doenças e/ou evitam que se tenha de recorrer a medicamentos ou a cirurgias dispendiosas.

BETH MORAN
Sag Harbor, Nova York
Março de 1998

Agradecimentos

Eu gostaria de agradecer a todos os médicos que colaboraram comigo ao longo dos anos para tornar possível a minha atividade. O dr. Aaron David foi o primeiro a me incentivar e a exaltar as virtudes da enfermagem como prática terapêutica. O dr. Wilfrido Dianzon colaborou com seu apoio e imparcialidade, sem esperar nada em troca. A dra. Mary Zachary é um modelo de comportamento para as mulheres e para os terapeutas holísticos e aceitou colaborar comigo e com minha sócia na clínica porque acredita e apóia nossas metas de prática holística. O dr. Mohammed Nizam, médico com o qual venho atuando em parceria, tem me incentivado a ser independente e vem oferecendo o melhor tratamento possível aos nossos pacientes, dando sempre o melhor de si.

Minha sócia, Linda Coleman, permaneceu ao meu lado dia e noite, e seu apoio inabalável a nossa atividade tem me estimulado bastante. Gostaria de agradecer à minha assistente, Laurie Frick, por se dedicar incansavelmente à digitação de meus originais e sobretudo por sua ajuda na administração do consultório durante minhas ausências para escrever. Gostaria de agradecer também ao dr. John Bishop por sua cooperação e por seu apoio de longa data.

Sou imensamente grata a todas as pessoas que me incentivaram a escrever este livro, em especial à minha amiga, Joan Fitzgerald, que me convenceu de que eu deveria escrevê-lo. Rich MacArthur anteviu a realização do livro muito tempo antes de mim e me apoiou e estimulou a cada passo, tanto nos momentos de decepção quanto nos de entusiasmo. Um agradecimento especial a Nancy Nelson, que me procurou como paciente e me disse que sabia que eu achava que não tinha nada a dizer, mas que ela tinha certeza de que eu tinha muito a dizer e que devia fazê-lo antes que outra pessoa o fizesse. Quando comecei a escrever, Niro Markoff Asistent, com sua postura serena e firme, estimulou-me a resistir a tudo o que me desanimasse e me fizesse querer desistir.

Sou grata a todos os meus amigos da AA e da AlAnon, que me ouviram e me ajudaram a encontrar orientação espiritual e minha voz interior. Um humilde agradecimento a todas as minhas pacientes. Elas ajudaram a comprovar as minhas idéias e me ensinaram muitas e muitas coisas que jamais aprendi na escola ou nos livros. Um imenso agradecimento a minha mãe, Virginia Metzler, uma escritora maravilhosa que nunca encontrou sua voz, mas que me ajudou a encontrar a minha.

Grande parte do meu trabalho se inspira em minha avó, Virginia Breunich, que me ensinou sobre o amor incondicional e o perdão, e em meu pai, Laurent Metzler, que, com sua bondade e silenciosa orientação, me levou a encontrar minha própria atividade e a expressar meu ponto de vista.

Um agradecimento especial ao meu irmão, Laurent, que tem sido um bom amigo e conselheiro em matéria de finanças, em vista de minhas dificuldades nesse campo, e também à sua paciente esposa, Donna, que sempre me apoiou quando necessário; e a minha irmã Leslie, que está ao meu lado sempre que preciso dela.

Obrigada a você, Kathleen Wade, enfermeira profissional credenciada, minha instrutora e orientadora, que me fez penar na escola, mas me forçou a ser a melhor enfermeira possível, considerando-me agora um espelho de si mesma.

Um enorme obrigada a minha co-autora, Kathy Schultz, pois sem sua percepção, garra, amor e estímulo nada teria se concretizado; e também ao nosso editor, Allan Graubard, que, com seu entusiasmo e sensibilidade, deu vida a este livro.

Por último, meu profundo agradecimento a Roberta Scimone, que se decidiu pela publicação da obra depois de reconhecer o mérito de nossa mensagem simples e poderosa, dando-nos a oportunidade de compartilhá-la com outras mulheres.

B. M.

1

Percepção intuitiva

Uma paciente chega ao meu consultório extremamente preocupada – a ultra-sonografia indica que ela tem um cisto no ovário. Seu médico disse-lhe que poderia ser um tumor maligno e que precisaria ser removido. A paciente não quer submeter-se a uma cirurgia, mas tem medo de não seguir a recomendação do médico. Quando pergunto se ela acha que o tumor é maligno, ela diz que não. Discutimos juntas as diversas possibilidades de tratamento e prognóstico para um cisto no ovário em oposição a câncer no ovário. Decidimos que eu deveria ver sua ultra-sonografia.

O relatório apresenta uma descrição detalhada de um cisto no ovário, mas não indica nada mais além disso. Na consulta seguinte, pergunto à paciente como é seu estilo de vida – seu trabalho, seus relacionamentos, sua alimentação, exercícios físicos e o que o cisto representa para ela. Em seguida, analisamos suas opções: se ela deve se submeter a uma cirurgia imediatamente ou iniciar um programa de terapia holística. Ela resolve experimentar primeiro vários métodos complementares – tais como acupuntura ou medicina chinesa tradicional –, numa tentativa de reduzir o tamanho do cisto. Ao mesmo tempo que decide experimentar essas técnicas, ela também se mostra preocupada com o fato de o seu médico não concordar com a escolha.

– E se o cisto for maligno? – pergunto novamente. – O que você acha que ele é?

– Não acho que seja maligno.

– Como você sabe disso?

– Apenas tenho um pressentimento de que não é.

Incentivo-a a prosseguir com as terapias alternativas e a fazer outra ultra-sonografia depois de ter começado o tratamento. Um mês mais tarde, uma nova ultra-sonografia revela exatamente o mesmo resultado que a primeira – um cisto no ovário sem nenhum sinal de malignidade. O médico volta a recomendar-lhe a cirurgia, diante da possibilidade de haver malignidade não revelada pela ultra-sonografia. Quando a paciente me telefona, pergunto-lhe o que pretende fazer, o que ela acha. Ela não acredita que o cisto seja maligno, muito embora tenha muito medo das conseqüências ocultas por não remover o cisto.

Depois da cirurgia, ela me telefona:

– O que você acha que a biópsia revelou? Que o cisto não era maligno. Agora, estou sofrendo as dores da cirurgia e tenho um longo período de convalescença pela frente. Gostaria de ter escutado minha voz interior.

Quantas vezes temos passado por situações parecidas? Sabemos intuitivamente qual é a verdade, ainda que nossa mente, sempre tão sobrecarregada e ocupada, sufoque nossa voz interior. Acredito piamente nessa voz interior da *intuição* ou do *instinto*, e em geral acho que é a melhor ferramenta de diagnóstico de que dispomos. É bastante grande o número de pacientes que, ao me procurarem, já suspeitam corretamente sobre o que há de errado com elas. As mulheres parecem saber quando há algo de "errado" ou "diferente" em seu corpo. Por exemplo, nunca conheci uma mulher que já não soubesse intuitivamente que estava grávida antes de realizar um teste de gravidez. Ao nos sentarmos para conversar, para discutir as possibilidades e organizar os fatos, essas pacientes são, então, capazes de tomar decisões baseadas tanto no conhecimento dos fatos quanto em sua voz interior.

Ainda assim, muitas mulheres não se sentem suficientemente informadas ou não confiam o bastante em sua voz intuitiva interior para fazer as melhores escolhas para si mesmas. Eu costumo testemunhar muitas decisões tomadas com base no medo, ou seja, a paciente teme assumir total responsabilidade sobre a própria saúde e fazer uma escolha que contrarie a opinião do seu médico. Posso relatar uma série de exemplos de mulheres que chegaram ao meu consultório com muitas de suas dúvidas respondidas por sua voz interior, à qual elas ignoravam totalmente.

O que leva uma mulher a ignorar sua intuição? Será o medo de tomar uma decisão errada? Serão os anos de condicionamento que as fazem achar que não sabem a resposta? Será o medo da reprovação? Será a falta de conhecimento? Serão todos os itens acima?

A despeito da enormidade de razões pelas quais ignoramos a nossa intuição até agora, chegou o momento de dar destaque ao maior poder da mulher, a intuição. Todas nós já ouvimos falar sobre a intuição feminina, mas nem todas a utilizamos para nos fortalecer. Chegamos até a considerá-la mais como um ponto fraco do que como um ponto forte. Diante das múltiplas opções que nos apresenta a medicina alternativa e da vida difícil e estressante que levamos, agora, mais do que nunca, é importante dar ouvidos a essa voz interior, para que se possa fazer escolhas mais saudáveis em nosso próprio benefício.

Todas nós conhecemos aquela sensação de mal-estar interior que temos quando algo parece estar errado ou quando uma decisão nos parece incorreta. Você alguma vez já se viu numa situação – num ambiente de trabalho ou mesmo numa festa – em que teve a sensação de, de repente, estar "por fora"? Essa é a voz interior que devemos ouvir. Ela sempre nos diz a verdade.

Muito tem sido escrito sobre o campo energético humano, sobre como estamos todos ligados pela energia vital uns aos outros e a um ser superior (o mundo espiritual). Ainda assim, é possível que nos desconectemos desse corpo sutil e daquele eu interior que ressoa ao redor do chakra do coração, onde o espírito ou o Poder Supremo ou Deus vive em nós. Se conseguirmos voltar a nos sintonizar com essa energia, teremos os meios interiores de curar a nós mesmos. Acredito que o simples fato de nos sentarmos quietos e ouvirmos a voz da intuição nos levará a escolher o que é melhor para nós. As pacientes sempre me perguntam o que devem fazer. Esse é o tipo de diálogo que seduz a todos os profissionais da saúde – afinal de contas, fomos treinados para assumir uma postura de autoridade e decisão, orientando os pacientes. Tento contornar a situação dizendo que tenho uma porção de informações mas nem todas as respostas.

Apenas *você* pode ter todas as respostas. Eu incentivo as mulheres a meditar, a caminhar entre as árvores ou junto ao mar, a rezar, a praticar a ioga ou o *chi kung* para reconectar a mente, o corpo e o espírito a fim de que sejam capazes de ouvir sua intuição. Eu, por exemplo, gosto de praticar *windsurf*, pois isso me faz "ficar desligada" e me dá clareza para ouvir as verdades que minha voz interior tem a me dizer.

Vivemos num mundo abarrotado de informações de todo tipo de fontes – a Internet, palestras e livros sobre todos os assuntos imagináveis. É um mundo em constante mudança, e todos nós deparamos com uma enxurrada de novas pesquisas científicas e informações médicas. Cada um deve usar esse amontoado de informações em benefício próprio. Devemos nos questionar constantemente para não sermos vítimas de decisões médicas baseadas no medo. É preciso muita coragem para fazer as perguntas e assumir a responsabilidade de tomar as próprias decisões, sobretudo se essas contrariarem os amigos, parentes ou médicos. Por fim, devemos considerar todos esses fatos e então nos sentar em silêncio e sozinhos para ir ao encontro da nossa própria verdade.

Neste livro, apresento uma grande quantidade de informações, uma extensa bibliografia para ajudá-la a encontrar mais informações e estímulo para você buscar a verdade, assumir a responsabilidade sobre suas próprias escolhas e ouvir a intuição e a sua voz interior. Ela está dentro de você e guiará seus passos. Na Bíblia do meu avô está assinalada a seguinte passagem: "Encontre a verdade, ela o libertará."

Todas as respostas para conseguir a cura estão dentro de você.

2

A conexão mente-corpo-espírito e o processo de cura

Quase todo dia, vejo-me dizendo às minhas pacientes: "Ouça a si mesma. Escute seu corpo. Se prestar atenção no que o seu corpo lhe diz, você saberá o que há de errado." Esse método de tratamento geralmente é visto como irresponsável, porque não se baseia em "provas científicas". Agora, contudo, as provas jorram das publicações médicas num fluxo constante. As pesquisas recentes têm revelado como os sistemas imunológico e nervoso estão interligados. Assim, quando algo nos perturba, nosso sistema imunológico também sente. O estudo dessa interligação é chamado de *psiconeuroimunologia* (PNI), conhecido até agora como conexão mente/corpo. O foco da PNI é a maneira como o sistema neurológico (mente e nervos) está ligado ao sistema imunológico.

Talvez você já tenha refletido sobre a relação entre a mente e o corpo e tenha algumas opiniões a respeito, sobretudo se já esteve fisicamente doente por causa de problemas em sua vida.

A psicóloga Margaret Kemeny e o psiquiatra George Solomon, ambos da Universidade da Califórnia, em Los Angeles (UCLA), são pesquisadores respeitados no campo da psiconeuroimunologia.[1] A pesquisa que eles desenvolvem demonstra que o sistema nervoso e o sistema imunológico se comunicam de modo bidirecional. Eles trocam mensagens químicas entre si.

Uma das descobertas do dr. Solomon não aconteceu no seu laboratório, mas quando estava engraxando os sapatos. Percebendo que a mão do engraxate tremia, Solomon perguntou: "Por que a mão do senhor está tremendo?" O homem respondeu: "Bem, estou com 97 anos." Surpreso, o dr. Solomon perguntou: "Por que o senhor ainda está engraxando sapatos com essa idade?" Ao que o engraxate respondeu: "É que estão planejando uma festa para mim quando eu completar 100 anos. Se eu não me mantiver ocupado engraxando sapatos, provavelmente vou morrer, e quero estar vivo para a comemoração. Será uma grande festa." Isso corroborava o que Solomon vinha observando sistematicamente entre as pessoas idosas e saudáveis. Ele concluiu que, quando as pessoas têm objetivos, assuntos com que se preocupar, seu sistema imunológico se fortalece, porque, se o sistema imunológico se comunica com o sistema nervoso, o que você acha que ele diria no caso? "Continue lutando e seja forte, porque eu não quero perder essa grande festa."

Algumas vezes, uma "cura" parece um milagre. Por exemplo, eu conheço um homem que recebeu o diagnóstico de câncer no pâncreas, que lhe daria uma perspectiva de menos de dois meses de vida. Ele decidiu que, como sempre quisera tocar num conjunto musical, iria entrar numa banda naqueles dois últimos meses de vida. Antes disso nunca tivera tempo, pois estava sempre ocupado demais trabalhando. Então ele começou a tocar clarineta. Um ano depois, ainda estava tocando clarineta na banda. Como se explica isso? Para casos como esse, não existem explicações na medicina tradicional. Os livros de medicina os mencionam como "remissões espontâneas". As pessoas leigas acham que são milagres. Acredito que essas curas são exemplos da conexão mente/corpo. Não devemos desprezar essa conexão, especialmente no caso dos supostos "milagres". Sentir alegria, contentamento, satisfação, ter objetivos, *hobbies* que adoramos, tudo isso é capaz de nos manter vivos e não é mais um mistério inexplicável. É um fato que pode ser cientificamente demonstrado se compararmos a química do sangue das pessoas fatalistas com a das pessoas otimistas.

Minha Própria Experiência

Meu interesse em descobrir como o pensamento afeta a saúde começou alguns anos atrás, quando desenvolvi um melanoma, um câncer de pele que poderia ter se *metastatizado* (espalhado) causando a minha morte. Quase morri de medo. Então percebi que não estava satisfeita com determinados aspectos da minha vida. Senti que a minha presença não representava nada de significativo para o mundo, e isso já tinha sido uma meta para mim. Eu bebia, fumava e não estava satisfeita com o meu trabalho nem com o meu casamento. Então decidi mudar toda a minha vida. Eu me separei, voltei a estudar e me tornei enfermeira profissional. Abri o meu próprio consultório, parei de beber e de fumar, passei a comer bem e a praticar exercícios físicos.

E, o mais importante de tudo, comecei a me divertir e a viver, a assumir riscos e a fazer todas as coisas que sempre quis.

É claro que tudo isso não aconteceu logo no primeiro mês. A princípio, fiquei deprimida e achava que iria morrer. Foi então que decidi mudar e aprender a viver.

Eu vinha trabalhando com pacientes com câncer havia cinco anos, nessa época, e comecei a perceber que devia haver uma maneira diferente de encarar a doença. Será que tudo se resumia em ficar doente, passar por uma cirurgia, fazer quimioterapia, radioterapia e pronto? Eu achava que devia haver algo além disso. Comecei a estudar psicologia e nutrição e a relação de ambas com a doença. Iniciei uma pesquisa informal sobre o que faz com que algumas pessoas piorem enquanto outras melhoram. Comecei a ler sobre psiconeuroimunologia.

O Que a Pesquisa nos Diz

Todos estamos expostos a muitos perigos em potencial e cada um reage de maneira diferente. Por quê? Isso é fundamental na PNI. Por que uma pessoa adoece e outra não? Por que uns são capazes de enfrentar a doença e outros não? Não se trata simplesmente de "coincidência".

As pessoas adoecem por inúmeras razões. Algumas vezes adoecemos por causa de uma alimentação deficiente, do fumo, do consumo excessivo de álcool, das toxinas ambientais, de predisposições genéticas, da idade, de medicação inadequada, do *stress*, de traumas passados ou de emoções reprimidas. Todos esses itens podem contribuir para o desenvolvimento das doenças. Os pesquisadores médicos têm analisado o caso de pacientes que "elevaram" suas respostas imunológicas, assim como de pacientes HIV-positivos que viveram bem por muito tempo, ou ainda de pessoas idosas que viveram sem problemas de saúde por bastante tempo.[2] Com "elevaram" quero dizer que o sistema imunológico desses pacientes parecia estar funcionando excepcionalmente bem. A conclusão geral foi que as pessoas fatalistas, ou que simplesmente se entregam, não se saem tão bem quanto as otimistas, que encaram a vida como um desafio. A meu ver, esse "desafio" nos coloca em posição de "luta", produzindo uma ativação acelerada do sistema imunológico.

Numa pesquisa em que dois "ratos de briga" de laboratório foram postos juntos numa jaula, um deles, por fim, parou de lutar e desistiu.[3] O funcionamento de seu sistema imunológico foi examinado, ou seja, os pesquisadores contaram e analisaram as células brancas do sangue do rato de várias maneiras. O rato "derrotado" apresentava o que os cientistas chamam de sistema imunológico inibido. O outro rato, que nunca desistira de lutar, exibia uma reação imunológica elevada. Kemeny sugere que, assim como os ratos, nós também somos ameaçados pela vida, acomodados em jaulas diferentes, e aqueles que escolhem lutar têm uma reação imunológica elevada. Às vezes, é importante lutar pelo que queremos. Procure se lembrar de uma época em que você defendia suas convicções, independentemente de quão trivial ou insignificante fosse a questão. Muitas pessoas se lembram de ter experimentado um bem-estar *físico*, embora a questão fosse *intelectual* ou *emocional*.

Vejamos essa conexão quanto ao tratamento da saúde.

Hoje em dia, existem pessoas que lutam pelo que querem quando tratam de sua saúde. Essas pessoas, como é de se esperar, têm uma reação imunológica elevada. Solomon cita o caso de dois pacientes de quimioterapia. Um deles disse ao médico: "Obrigado por cuidar de mim, doutor; sou grato por receber essa terapia e realmente é isso o que eu quero." O outro paciente diz: "Espere um pouco. Por que estou fazendo essa terapia? Quais são os riscos? Quais os benefícios? Será que eu quero mesmo fazer isso? Quanto vai custar? Isso vai me curar, de fato? Preciso pensar a respeito." Qual paciente reagiu melhor ao tratamento? A resposta é evidente: o segundo. Os pacientes que os médicos consideram mais "difíceis" de tratar – aqueles que reagem com mais veemência – em geral são os que apresentam melhores resultados. Tenho observado a mesma coisa continuamente no meu trabalho. É como se a reação de luta fizesse o sistema imunológico entrar em ação – e que a experiência do rato se repete na vida humana todos os dias.

Deepak Chopra, médico e escritor mundialmente conhecido, que conduziu pesquisas nesse campo, sustenta que as células do corpo armazenam todas as nossas experiências na vida, e que tudo o que a mente é incapaz de expressar é armazenado no corpo.[4] Parte da teoria dele é que, no intervalo entre o corpo e a mente, se encontra o espírito, e precisamos curar o espírito porque ele programa a mente. Precisamos ouvir nosso corpo para descobrir como curar o espírito. Isso é algo que estimulo todos os meus pacientes a fazer. Nosso corpo se comunica conosco de diversas maneiras, e o fato de adoecermos não é necessariamente um castigo mas sim uma mensagem. Em vez de vermos a doença como um castigo por não termos feito algo, seria mais produtivo nos perguntarmos: "O que será que meu corpo está querendo me dizer? Com que eu devo me preocupar? Em que preciso prestar atenção? O que tenho de mudar em minha vida?"

Quando descobrimos que temos um problema de saúde, é importante não nos recriminarmos por não praticar o pensamento positivo ou não nos sentirmos culpados pensando que provocamos a doença. Esse *não* é o momento de dizer: "Foi tudo por minha culpa, porque não consegui relaxar e administrar bem o suficiente o meu *stress*." Todos nós passamos por situações estressantes difíceis de superar. É fundamental para o processo de cura que sejamos condescendentes com o que fazemos. A PNI não deve ser usada como uma arma com a qual nos atacamos quando estamos em dificuldade. Ao fazê-lo, pioramos ainda mais as coisas.

Se ouvirmos o nosso corpo, podemos tentar entender o que ele quer nos dizer. Quando encaramos a dor ou o sofrimento como um alerta, perguntamos a nós mesmos: "O que estará acontecendo? O que, realmente, preciso ver?" Isso é mais proveitoso do que dizer: "Ah, não! Estou doente e vou morrer", ou: "Por que Deus fez isso comigo?" Ao manter uma perspectiva otimista (quando é realisticamente possível), ficando abertos ao que podemos aprender com as mensagens do nosso corpo, só temos a ganhar. A doença nos dá a oportunidade de crescer e mudar, de promover a cura a partir do passado, de aprender a viver e de procurar o que realmente queremos.

Vários estudos têm documentado os efeitos dos remédios *placebos* na expectativa das pessoas.[5] Numa experiência bem característica desse tipo, num grupo de pessoas com sintomas de uma determinada doença, metade recebe um remédio para tratar essa doença e a outra metade recebe um placebo, uma pílula ou líquido inócuo com a mesma aparência do remédio verdadeiro, mas sem nenhuma propriedade medicinal. Os participantes não são informados se estão tomando a droga verdadeira ou a falsa. Os pacientes que pensavam estar tomando o remédio (mas na verdade estavam tomando o placebo) sentiram alívio dos sintomas e houve uma elevação no seu sistema imunológico. Essa descoberta, que foi repetida muitas vezes em vários lugares ao longo da história médica, demonstra como as expectativas e as crenças da pessoa afetam psicologicamente o resultado. Se você acredita, por algum motivo, que vai se sentir melhor, é possível que você prove a si mesmo que está com a razão

A relação médico/paciente também afeta o resultado do tratamento, porque se o paciente tem um relacionamento cordial e afetuoso com o médico, demonstra uma expectativa positiva e encara o médico como um parceiro bem-informado, o resultado geralmente é positivo.[6] Se você acredita que tanto o médico quanto o remédio vao lhe fazer bcm, eles farão mesmo. Todos nós precisamos encontrar médicos a quem respeitemos e nos quais confiemos para nos ajudar no nosso processo de cura.

Como Funciona o Sistema Imunológico

Vejamos como funciona o sistema imunológico. As células brancas do sangue, chamadas linfócitos, são a parte mais importante do sistema. Os linfócitos enfrentam os invasores, quaisquer substâncias perigosas que entrem em nosso corpo. Os linfócitos reconhecem, destroem e se desfazem dos invasores externos, tais como vírus, bactérias, parasitas e até mesmo algumas células cancerosas. Um tipo de linfócito é o macrófago. Ele tem a função especial de sair à procura de inimigos (como os poderosos vírus da gripe), identificá-los como corpos estranhos e alertar o resto do sistema imunológico do perigo iminente. Os macrófagos dão o alarme. Eles tragam os invasores na tentativa de destruí-los e alertam o restante do sistema de que alguma coisa está acontecendo.

As células T, que também são importantes para o sistema imunológico, ocorrem em diversos tipos. As células T auxiliares são um tipo de linfócito que reage a invasores, como sentinelas guardando o corpo. Os macrófagos alertam as células T auxiliares quanto à presença de corpos estranhos, germes ou bactérias, como se observassem: "Atenção! Aí vem um vírus da gripe! Façam alguma coisa!" Então, as células T auxiliares acionam um outro tipo de linfócito, as células B, membros da equipe responsáveis pela tomada de decisões. As células B identificam os corpos estranhos e decidem o que fazer em relação a eles. Uma de suas funções mais importantes é a identificação adequada entre vírus e germe. Depois de terem identificado o problema, as células B desenvolvem uma estratégia para afastar o invasor (isto é, desenvolvem anticorpos que podem matar as células infectadas).

Na seqüência, vêm as células T citotóxicas, que na verdade eliminam os invasores destruindo as células cancerosas e/ou infectadas por vírus.[7] As células T citotóxicas põem em prática o plano criado pelas células B. Elas se deslocam até onde se encontram as células ruins, destroem-nas e avisam ao resto do sistema que está tudo bem. Outro tipo de linfócito, chamado de célula citotóxica natural (os cientistas a chamam de NK, de *natural killer),* também pode destruir células cancerosas e infectadas por vírus. Todos esses cinco linfócitos – o macrófago, a célula T auxiliar, a célula T citotóxica, a célula B e a citotóxica natural – interagem entre si como se estivessem numa cadeia de comando, e sua interligação é fundamental. Seu trabalho de equipe determina a eficácia do sistema imunológico. Como qualquer equipe organizada, eles são bem-sucedidos quando recebem reforços e fracassam em situações de esgotamento. O que leva nosso sistema imunológico a uma situação de esgotamento? Tensão, pressão, álcool, cigarro, falta de exercícios físicos e má nutrição – só para citar alguns aspectos. O que são os reforços? Uma boa alimentação, exercícios físicos, relaxamento e técnicas de redução do *stress*, que também visam satisfazer nosso lado emocional.

Há dois tipos de disfunções do sistema imunológico: doenças do sistema imunológico e doenças do sistema de auto-imunização. O câncer e a Aids são exemplos de doenças do sistema imunológico, em que o sistema pode estar tão inibido que se mostra inútil. A doença do sistema de auto-imunização é aquela em que as células B atacam equivocadamente células do próprio organismo como se fossem agentes inimigos. Embora o "invasor" seja parte do organismo, ele não é reconhecido como tal. Por causa desse engano, o organismo ataca uma parte de si mesmo e exagera nesse papel. Alguns exemplos da doença são o lúpus eritematoso, a esclerose múltipla, a esclerose lateral amiotrófica (doença de Lou Gehrig), a doença de Hashimoto, a fibromialgia, o diabetes, a infertilidade espontânea, a Aids auto-imune, a doença de Addison e a síndrome de Cushing. A doença de Addison e a síndrome de Cushing estão relacionadas com as glândulas supra-renais, e essas glândulas podem ser superestimuladas em situações de *stress*. Esse é um exemplo de como o *stress* e as imunidades se inter-relacionam. A semelhança entre as doenças imunológicas e de auto-imunização é a seguinte: sempre que o sistema imunológico não estiver funcionando satisfatória ou eficientemente, aparecerá uma disfunção no sistema. Os diferentes aspectos do sistema devem funcionar em conjunto, coordenados, para que ocorra uma reação eficaz contra um invasor. Se uma parte funciona mal (como acontece quando as células B rotulam tecidos do próprio corpo como "invasores"), o sistema entra em colapso. Se os macrófagos não detectam um germe que se aproxima, o restante da equipe não é alertado a tempo. Se as células T auxiliares estão entorpecidas, as células B não são avisadas, e se as células B calculam mal ou não fornecem as ferramentas suficientes para as células T citotóxicas, estas ficam em desvantagem.

Sabemos, na medida em que temos evidências psicológicas, que o sistema imunológico e o sistema nervoso se comunicam entre si.[8] Tal descoberta me sugere que o que *pensamos* também influencia o funcionamento de nossas células. A dra. Candace Pert, uma bióloga molecular que trabalhou na Secretaria da Saúde norte-americana e que atualmente atua como professora de neurociência molecular e do comportamento na Rutgers University, tem demonstrado como o sistema neurológico e o sistema imunológico trocam informações bioquímicas entre si de maneira bidirecional. Para a dra. Pert, não é uma questão de se e como a mente afeta o corpo, porque a mente e o corpo são *uma coisa só* – duas partes interligadas de um único todo, duas partes inseparáveis de um sistema unificado. A mente e o corpo não podem evitar que aquilo que acontece a um afete o outro.

A dra. Pert estudou a maneira como os *peptídios* atuam como *conectores*, ou *mensageiros*, entre a mente e o corpo.

Todas as células do corpo se comunicam entre si pelas moléculas "mensageiras" chamadas peptídios. (Os peptídios são compostos de aminoácidos, constituintes das proteínas.) Em suas pesquisas biológicas, a dra. Pert identificou peptídios tanto no cérebro quanto no sistema imunológico. Os peptídios agem como intermediários na comunicação intercelular entre cérebro e corpo, e alguns deles parecem ser o correlato bioquímico das emoções (quando você está sofrendo, encontra-se um determinado tipo de peptídio em sua corrente sangüínea; quando você está eufórico, encontra-se outro tipo de peptídio). Todas as células do corpo apresentam receptores de peptídios – locais procurados pelos peptídios, porque se encaixam perfeitamente bem ali – e, portanto, as emoções podem afetar todas as células do corpo, não apenas as da cabeça. Essa pesquisa nos mostra que nossa mente, em suma, está em todas as células do corpo. A dra. Pert encontrou receptores de peptídios em células imunológicas, e é por isso que sua pesquisa sugere que existe uma relação entre as emoções e a saúde. Se você já ficou doente por causa da morte de um animal de estimação ou de uma auditoria em sua declaração do Imposto de Renda, então sabe do que se trata.

As descobertas da dra. Pert indicam que qualquer tipo de trabalho corporal, como a massagem, por exemplo, libera peptídios na corrente sangüínea, o que faz sentido para a minha intuição, porque sempre sinto um alívio emocional depois de uma sessão de massagem. A massagem estimula as terminações nervosas próximas à superfície da pele, portanto afeta o sistema nervoso, e o sistema nervoso e o sistema imunológico estão interligados pelos "mensageiros" peptídicos. A pesquisa da dra. Pert é especialmente interessante se considerarmos que a massagem é consagrada na medicina oriental como um dos métodos mais antigos de tratamento.[9]

Entre os médicos chineses, a massagem é uma especialização, como a pediatria e a radiologia. Não é simplesmente um método de fricção do corpo, mas um modo de promover o reequilíbrio do organismo. Os movimentos das mãos dos médicos massagistas chineses costumam fazer pressão numa parte do corpo distante da área sintomática, o que geralmente confunde os ocidentais. Como é possível uma massagem num dos pés aliviar uma dor de cabeça? As pesquisas da dra. Pert esclarecem o mistério, e a reflexologia dos pés, um tipo de terapia corporal em que se massageiam os pés, é um bom exemplo disso.[10] Os nervos irradiam-se a partir do cérebro através da medula espinhal, e daí se ramificam ao longo de todo o corpo, como os afluentes de um rio. As células do sistema nervoso se comunicam entre si enviando mensageiros peptídicos pelo fluxo dos rios e afluentes neurais. A estimulação das terminações nervosas no pé envia mensagens "rio acima" até o cérebro, e o reflexologista estimula mais de sete mil nervos ao massagear o pé do paciente. As pesquisas da dra. Pert, demonstrando como o sistema imunológico é afetado toda vez que o sistema nervoso é atingido, evidenciam que a reflexologia atua sobre o sistema imunológico.

A parte do sistema nervoso que se ramifica ao longo da medula espinhal é uma extensão do cérebro. Uma lesão à medula espinhal pode causar paralisia – perda de movimentos ou da sensibilidade em regiões do corpo distantes da medula (por exemplo, braços e pernas).[11] Sem as instruções da medula espinhal sobre como e quando agir, os músculos não se movem. É como se o rio neurológico estivesse subitamente represado e pouca ou nenhuma informação fluísse. Parece lógico, então, que, se uma *lesão* na medula afeta as sensações em regiões distantes da espinha, uma *mensagem* da medula possa afetar também as sensações por todo o corpo.

Conforme demonstrou a dra. Pert, uma vez que as células imunológicas estão ligadas às células nervosas por peptídios, o toque na região espinhal inevitavelmente estimularia o sistema imunológico. As descobertas recentes da dra. Pert, ao lado da reputação histórica da massagem como uma técnica terapêutica, podem nos levar a suspeitar que o sistema imunológico pode ser estimulado pela massagem – e talvez seja por isso que a massagem parece fazer tão bem.

Com relação à verificação do funcionamento do sistema imunológico, a análise química do sangue e os hemogramas são os métodos mais usados para aferir o funcionamento do sistema imunológico, mas esses métodos nem sempre avaliam quanto a pessoa está se sentindo "bem". Tenho uma paciente portadora de Aids que não tem células T. Não obstante, ela tem sobrevivido e vive bem – além de ser bastante ativa – há sete anos. Como é possível explicar isso? Sua contagem de glóbulos brancos é de três mil, quando a quantidade normal está entre cinco mil e dez mil, o que mostra que nem sempre se pode confiar na proverbial "bateria de testes". Acredito que existam outras maneiras de avaliar se o sistema imunológico está funcionando bem, e a melhor delas é simplesmente analisar como você está se sentindo, se está vivendo bem e resistindo às doenças. Os dados de laboratório nos informam muito pouco a respeito disso.

Durante vários anos, os doutores Solomon e Kemeny estudaram diversas pessoas como a minha paciente com Aids. Eles analisam pessoas que contraíram o HIV há muito tempo e que ainda vivem bem com a esperança de desmistificar exatamente o que mantém as pessoas vivas e sentindo-se bem. A pesquisa que eles estão desenvolvendo (assim como as de muitos outros cientistas) indica que o *stress* – o assunto do nosso próximo capítulo – é o principal fator na determinação do nosso nível de bem-estar e do funcionamento do nosso sistema imunológico, assim como na freqüência com que adoecemos.

3

Roteiro do *stress*: o importante vínculo com a doença

Seu marido convida um primo dele, um homem cuja presença nunca a agradou, para ir morar num quarto vago da sua casa. Seu tálamo – a parte emocional do seu cérebro – imediatamente lhe diz: "Livre-se desse idiota." Seu córtex – a parte racional do seu cérebro – diz: "Fique fria" ou "Seja educada. Será por pouco tempo." O córtex, que é mais civilizado e sofisticado, reprime a ânsia de liberdade do tálamo.

Ah, mas não existe raiva mais infernal que a de um tálamo menosprezado. Repelido pelo córtex, ele se volta para dentro e entra em alvoroço, induzindo a aceleração de seu ritmo cardíaco, elevando sua pressão arterial e liberando ácidos ulcerantes no seu estômago. Na verdade, o tálamo rebelde clama: "Se você não tomar uma atitude em relação a esse sujeito, eu tomo."

Carlton Frederick demonstrou como esses conflitos entre

essas duas partes do nosso cérebro (o tálamo e o córtex) podem reduzir a eficácia do sistema imunológico.[1] O tálamo se encarrega para nós, automaticamente, de diversas funções do organismo, de modo que não temos de nos lembrar de respirar a cada segundo, fazer o coração bater ou contrair as pupilas quando a luz nos ofusca de repente. Além de executar essas funções básicas, o tálamo é também nosso centro emocional, o que às vezes significa que ele quer o que quer quando quer, sem demonstrar consideração pelas outras pessoas ou pela sociedade como um todo. Como uma criança que destrói objetos preciosos ao correr desajeitadamente para pegar um brinquedo, o impulso do tálamo agarra, sem cuidado, tudo o que ele quer.

O córtex, por outro lado, é a parte racional do cérebro, e portanto é mais educado. O córtex controla os músculos voluntários; assim, quando o tálamo quer pegar alguma coisa de qualquer jeito, o córtex não permite que os músculos da mão se movam. No caso do primo de seu marido, por mais que seu tálamo queira mandá-lo embora, seu córtex não deixará sua boca pronunciar as palavras. O tálamo está relacionado com as emoções em estado bruto, ao passo que o córtex tem mais a ver com a ponderação. Uma vez que o tálamo não consegue logo o que quer porque o córtex não permite, ele se volta para dentro do organismo e ataca as áreas sobre as quais tem controle. Então você percebe que, toda vez que se senta perto do hóspede indesejado, seu coração dispara (o tálamo em ação) ou a garganta se aperta (o tálamo em ação), e um dia, sem querer, você derrama sopa quente "acidentalmente" em cima dele (o tálamo consegue algumas pequenas e efêmeras vitórias sobre o córtex). Desse modo, sempre que o tálamo tem uma forte necessidade mas não pode agir porque o córtex não deixa, ele inicia o processo de inundar a corrente sangüínea com componentes químicos que causam ansiedade e acabam tolhendo o sistema imunológico. Quando, esgotado e enfraquecido por repetidas situações estressantes como essa, nosso sistema imunológico depara com a ocorrência de um vírus, ele não é capaz de enfrentá-lo.[2]

Depois de muito observar e pesquisar a relação entre o *stress* e o sistema imunológico, convenci-me cada vez mais de uma verdade singular. Todos nós sofremos com o *stress*; ele faz parte da vida e sempre estará presente. Ao mesmo tempo, não é a quantidade ou a gravidade das situações estressantes que importa, mas é *a maneira como lidamos com o nosso stress* que afeta o nosso sistema imunológico.

A Reação ao *Stress* e o Sistema Imunológico

Algumas situações produzem o que poderíamos chamar de "*stress* maligno", ao passo que outras ocasionam o "*stress* benigno". O *stress* benigno é aquele que resulta do tipo de experiência que consideramos empolgante ou divertida. É importante ter uma boa compreensão da diferença entre *stress* maligno e benigno. Essa compreensão é que irá determinar a nossa capacidade de lidar com o *stress*. Voar de asa-delta ou saltar de *bungee-jumping* pode ser um motivo de empolgação para algumas pessoas, mas de sofrimento para outras. O que para você parece desgastante, para mim poderá ser estimulante. Gosto de fazer uma porção de coisas ao mesmo tempo, o que deixa alguns dos meus amigos completamente atordoados. Eles preferem realizar uma tarefa de cada vez; portanto, o que é entediante para mim é reconfortante para eles, e vice-versa. O *stress*, assim como a beleza, depende dos olhos de quem vê.

Se você levantasse de repente os olhos deste livro e visse um tigre avançando em sua direção com as presas à mostra, pronto para o ataque, imediatamente sua corrente sangüínea seria inundada de adrenalina e você sentiria o verdadeiro resultado da mudança provocada pelo *stress* na química do sangue. Como isso acontece?

Existem duas subdivisões no sistema nervoso: a *reação nervosa parassimpática* (RNP) e a *reação nervosa simpática* (RNS). Nosso organismo funciona basicamente no modo RNP – funcionamos desse modo em situações normais e quando estamos em repouso. O sistema RNP mantém o corpo tranqüilo e ajuda no processo de digestão, de excreção e de relaxamento. Em situações de *stress*, o organismo salta de repente para a situação de RNS, também conhecida como reação ao *stress*, ou reação de "lutar ou fugir". (Imediatamente, escolhemos entre enfrentar o tigre ou fugir dele.) O sistema RNS reage a uma situação estressante e acelera a maioria das reações do corpo. Durante a RNS, os batimentos cardíacos e a pressão sangüínea aumentam, nos sentimos tensos, nauseados, como se fôssemos desmaiar. O hipotálamo, outra parte do cérebro, libera uma substância química chamada hormônio corticotrópico, que faz a glândula pituitária liberar outra substância química chamada hormônio adrenocorticotrópico, ou ACTH*. O ACTH pede então para as glândulas supra-renais produzirem cortisol, beta-endorfinas

* Sigla de *Adrenocorticotropohormone*, mantida em inglês (N. do T.).

e epinefrina. A epinefrina reduz o interferon, uma substância anticancerígena produzida pelas células T. Não só é reduzido o nível de interferon como também todas essas substâncias químicas invadem o organismo, afetando nossas citocinas. As citocinas são substâncias mediadoras da reação imunológica, encarregadas de avisar os receptores apropriados de que é hora de entrar em ação. O cortisol bloqueia a produção de citocina, o que inibe os glóbulos brancos do sangue, uma vez que esses dependem das citocinas para lhes informar quando está na hora de começar a trabalhar. Se houver *stress* maligno em excesso, o sistema imunológico será inibido por causa da produção de todas essas substâncias químicas. Os glóbulos brancos do sangue do sistema imunológico (conforme comentamos no capítulo 2) não conseguem atuar. São inibidos pela falta de citocinas, bloqueadas pelo cortisol disparado no seu sistema no instante em que você avistou o tigre – ou o patrão mal-humorado, o vizinho bisbilhoteiro ou um antigo namorado.

A maneira como lidamos com o *stress* determina por quanto tempo permanecemos na RNS ou quanto demoramos para voltar para o outro lado, o estado de repouso. Quando a RNS entra em ação, a glicose flui de maneira anormal, a digestão é inibida, o impulso reprodutor se reduz, o crescimento e a recuperação dos tecidos são retardados, as citocinas são bloqueadas, e tudo isso junto inibe o sistema imunológico. As importantíssimas células T são inibidas por essas mudanças.

A liberação de hormônios durante uma situação de reação ao *stress* resulta numa rápida mobilização da energia que flui em todas as direções, num esforço maciço para fortalecer os órgãos e músculos que estão lutando para salvar você de toda e qualquer ameaça que apareça.[3] O corpo interrompe o que quer que esteja fazendo e vai socorrer as partes dele que estiverem se esforçando para fazer uma defesa. Todas as funções e desejos normais são postos de lado enquanto todas as partes do corpo integram o esforço de defesa. *O sistema imunológico é temporariamente reprimido, de modo que todas as suas energias possam contribuir para resolver o problema em questão.* A maioria das pessoas consegue superar essa supressão temporária das funções imunológicas, mas, quando uma situação de *stress* muito demorada ou interminável (por exemplo, a presença do primo indesejado) resulta numa inibição a longo prazo ou interminável do sistema imunológico, não conseguimos enfrentar as doenças e podemos adoecer.

A reação ao *stress*, ou RNS, produz mudanças no sistema endócrino (por isso sentimos uma súbita descarga de adrenalina quando vemos o tigre pronto para nos atacar); o resultado é que nosso comportamento e nosso sistema endócrino estão interligados. Por que é assim? Os olhos informam ao cérebro que o tigre está se aproximando, e o hipotálamo do cérebro imediatamente entra em ação, liberando hormônios para ativar as partes do corpo que precisam correr e também para desligar aquelas que sejam temporariamente desnecessárias. O hipotálamo, a glândula pituitária e as glândulas supra-renais são interligados.[4] Em situações de *stress*, o hipotálamo e as glândulas supra-renais atuam juntos para liberar quantidades de hormônios, tais como o já mencionado ACTH, e essa liberação é uma função do sistema endócrino.[5] Embora toda a complexidade do sistema endócrino esteja além do nosso interesse aqui, é basicamente por isso que os pesquisadores descobriram que a liberação de

ACTH e cortisol pode ser provocada pelo *stress*, por um ferimento ou uma doença.[6] Nosso organismo reage ao *stress* de dois modos: pelo sistema nervoso e pelo sistema endócrino. Por serem estreitamente ligados e interdependentes, esses dois sistemas são conhecidos por um único nome: o sistema neuroendócrino. As reações *do sistema nervoso* ocorrem entre as células por intermédio das substâncias químicas transmissoras, ao passo que as reações *do sistema endócrino* envolvem os hormônios que acabaram de ser mencionados. A conexão hipotálamo-pituitária-supra-renais – ou, como os cientistas a chamam, o eixo hipotalâmico-pituitário – é, na verdade, uma *convergência* de mecanismos adaptativos neurológicos e hormonais para ajudar o organismo a enfrentar os eventos que causam *stress* a eles. De modo que é impossível a mente e o corpo reagirem ao *stress* em separado; eles estão literalmente juntos.

(Os neurônios no hipotálamo têm muitas ligações com o sistema nervoso central, e os peptídios que comentamos no capítulo 2 atuam nessas ligações.)

Os eventos que causam *stress*, em nós e em nosso sistema neuroendócrino, podem ter origem tanto do lado externo do organismo (por exemplo, acontecimentos exteriores) quanto dentro dele (por exemplo, uma sobrecarga de açúcar); o diabetes é um bom exemplo disso.

O excesso de açúcar é um estressor tão fatal ao diabético quanto o ataque de um tigre, ainda que o açúcar esteja dentro do organismo e o tigre fora. Para um diabético, o açúcar é um estressor. Embora menos fatal para muitas pessoas, até certo ponto o açúcar é um estressor para todos nós. O consumo de açúcar estimula o pâncreas a secretar insulina, e a taxa de açúcar no sangue cai. Isso faz com que o fígado produza glicogênio (açúcar armazenado), que então estimula as glândulas supra-renais, envolvendo assim todo o sistema hipotalâmico-pituitário-supra-renal (ou neuroendócrino). Acontece que o constante excesso de açúcar no sangue pode acabar levando a uma sobrecarga das glândulas supra-renais, o que finalmente irá afetar o sistema como um todo.[7] O *stress* contínuo, quer venha de fora ou de dentro do organismo, força o pâncreas e o resto do sistema neuroendócrino a ter uma hiperatividade, e nosso corpo não foi projetado para lidar com o *stress* constante.[8]

Tudo isso significa que o *stress* desempenha um papel importante na alteração dos níveis de açúcar no sangue. Os médicos que tratam de corretores da bolsa de valores têm percebido que não precisam ler os jornais para descobrir como andam os mercados financeiros; basta observar a quantidade de açúcar excretada por corretores diabéticos (uma espécie de indicador fisiológico de mercado). Observou-se que o combate aéreo causa diabetes transitório em pilotos de guerra.[9] Uma vez mais, esses são exemplos das interligações entre o tálamo do cérebro, a glândula pituitária, as glândulas supra-renais e o pâncreas. Nosso sistema neuroendócrino é projetado para enfrentar *repentinos* desvios nos níveis de açúcar no sangue – na verdade, o que provoca a RNS é exatamente uma surpresa repentina –, não desvios *contínuos*, conforme provam o diabetes e os primos indesejados.[10] De novo, um dos problemas do *stress contínuo*, quer venha de fora ou de dentro do organismo, é que ocorre a inibição do sistema imunológico.

Você é capaz de pensar em algo que possa estimular uma reação ao *stress*? O que você me diz de filhos, marido, namorado, ex-maridos, dinheiro, trabalho, desemprego, doença, falta de amor, excesso de trabalho, traumas, assaltos, violência, ler jornal ou assistir à televisão? Que alimentos provocam a reação ao *stress* (interno)? Açúcar, cafeína, laticínios e álcool. Os três piores são o açúcar, a cafeína e o álcool. Se você se sente ansioso durante boa parte do tempo, deve estar criando RNS por consumir cafeína ou açúcar em excesso, ambos os quais estimulam as supra-renais. A combinação de açúcar e cafeína, como se observa nos refrigerantes que contêm Cola e no cafezinho com açúcar, é especialmente problemática, pois, enquanto a cafeína afeta de maneira negativa as glândulas supra-renais, ao mesmo tempo o açúcar produz uma atividade excessiva no pâncreas.[11] Existem motivos sérios para observarmos exatamente o que introduzimos no nosso organismo. Você é capaz de identificar o que está produzindo uma reação ao *stress*? É algum alimento? Um relacionamento? É o seu trabalho?

Como Enfrentar o *Stress* com Eficácia

Conversei com uma sobrevivente de câncer de mama que me contou que a parte mais difícil pela qual passou foi imaginar que podia ter câncer quando descobriu um nódulo. Mas, assim que constatou que ele era canceroso, ela soube exatamente o que fazer e se esforçou para chegar a um resultado positivo. Ela me disse: "Nós, mulheres, somos realmente capazes de nos sair bem desse tipo de situação." O que não quer dizer que os homens não sejam, mas, nesse exemplo, a crença em que ela "poderia se sair bem" capacitou-a a conseguir exatamente isso. Esse é um exemplo básico da conexão mente-corpo e de como enfrentar o *stress* com eficácia.

Todos nós temos os mecanismos e os sistemas de apoio de que precisamos para lidar de maneira inteligente com o *stress*, mas geralmente pensamos que não temos. Achamos que estamos abandonados. Deixamo-nos sobrecarregar pelos nossos problemas e perdemos a confiança de que possamos resolvê-los, ainda que tenhamos recursos para enfrentar o *stress*, elevar a reação do sistema imunológico e, portanto, melhorar nosso nível de bem-estar. É como se tivéssemos o equipamento, mas relutássemos em tirá-lo da caixa de ferramentas. Um martelo não se levanta e bate no prego por conta própria. Precisamos tirar proveito dos recursos que temos interna e externamente.

A terapia corporal pode ser uma técnica eficaz para reduzir o *stress*. Ela engloba todo tipo de massagem ou procedimento semelhante em que o paciente é tocado pelo profissional. A massagem é um método muito antigo de cura, e hoje sabemos que ela realmente libera peptídios na corrente sangüínea e nos músculos e, portanto, eleva a reação imunológica. Dolores Krieger, professora de Enfermagem da Universidade de Nova York, tem conduzido vários estudos acerca do toque terapêutico e considera que o toque, de fato, ajuda na cura.[12] Ela descobriu que os pacientes que são manipulados com mais freqüência no hospital acabam tendo alta mais cedo. Os bebês prematuros que são tocados com freqüência, em suas incubadoras, também ganham peso mais rápido. Parece que nos tornamos tão isolados, tão ocupados e tão temerosos de toques inadequados que não nos tocamos mais. A dra. Krieger desenvolveu sua teoria sobre o toque terapêutico como uma técnica para o tratamento da pessoa como um todo depois de observar um terapeuta, Oskar Estebany, aliviar a dor de seus pacientes percorrendo-lhes o corpo com as mãos. Ela se convenceu de que essa técnica podia ser aprendida e desde a década de 1970 tem ministrado diversos cursos sobre o toque terapêutico. Sob sua orientação, várias universidades e faculdades passaram a oferecer cursos regulares sobre o toque terapêutico a profissionais da saúde das mais diversas áreas.

Nos cursos da dra. Krieger, a pessoa que aplica o toque aprende a "centrar-se em si mesma" e a focalizar suas energias de cura no processo a ser conduzido. O terapeuta coloca as mãos dez a quinze centímetros acima do corpo do paciente e procura visualizar um campo de energia de cura positiva. A dra. Krieger observou que, em pacientes que apresentam fortes dores, febre, inflamação ou sintomas psicossomáticos, o processo acaba produzindo, no mínimo, um relaxamento. A dra. Janet Quinn, da Universidade do Colorado, conduziu um estudo sobre os efeitos do toque terapêutico em 1985, e, no seu estudo, os terapeutas que eram capazes de se concentrar relataram ter sentido a passagem de uma energia entre eles e os pacientes. Os pacientes relataram que houve uma queda considerável de seus níveis de ansiedade.[13]

A acupuntura é outra ferramenta que podemos usar para reduzir o *stress*. Ela compreende o toque, além do uso de agulhas bem finas (no máximo, da espessura de um fio de cabelo). O objetivo é elevar a reação imunológica produzindo o equilíbrio no sistema energético do corpo.[14] A ioga também pode ser usada para recuperar o senso de equilíbrio.[15]

Existem diversos tipos de massagem e toque terapêuticos. *Feldenkreis*, *rolfing*, *reiki*, equilíbrio áurico e *rosen* são apenas alguns deles. O *rosen* foi desenvolvido especificamente para liberar modelos e crenças antigos pelo movimento de diversos grupos de músculos. O *reiki* é um tipo de tratamento energético que lembra o toque terapêutico porque envolve a cura pelas mãos. O terapeuta coloca as mãos ao redor do campo energético do paciente para permitir que a energia do universo passe através de si até o cliente. Muitas vezes eu senti alívio, tanto físico quanto emocional, ao me submeter a tratamentos por meio do *reiki*. Para os pacientes que não conhecem o *reiki*, talvez ele pareça desconfortável e até mesmo difícil de imaginar. Mas para muitas pessoas, eu inclusive, o *reiki* tem um enorme poder de cura.

A meditação, a exemplo dos diversos tipos de massagem, tem sido considerada eficaz por milhares de anos em algumas culturas, porque reduz a reação ao *stress*. Quando nos sentamos em silêncio e respiramos devagar, podemos desligar o corpo da RNS e sintonizá-lo na RNP. Na meditação não temos uma série de agentes químicos estressantes pululando na corrente sangüínea e espalhando todo tipo de problemas. Ao meditar regularmente, conseguimos manter o corpo num estado de calma e repouso, com todos os sistemas funcionando à velocidade normal. E isso pode ser da maior importância no que se refere à doença. Quando se está sob o peso do *stress*, mesmo quando a causa é a presença da doença em si mesma, a meditação faz com que menos substâncias químicas produzidas pelas glândulas supra-renais sigam para a corrente sangüínea.

Jon Kabat Zinn mantém o que ele chama de "clínica da dor" na Universidade de Massachusetts.[16] Os pacientes são encaminhados a essa clínica por seus médicos. Zinn ensina ioga e meditação a seus pacientes, e isso costuma diminuir a dor deles. Trata-se de pessoas que viveram com dores insuportáveis, às vezes durante anos, e que buscaram todo o tipo de remédio na medicina convencional, sem obter sucesso. Os pacientes de Zinn contam que se sentem melhor para tomar decisões depois da meditação, porque sua visão não é mais toldada pela angústia e pela ansiedade.

A experiência com a doença é assustadora. Você pode sentir tanta ansiedade em relação à sua dor que não consegue "pensar direito". Quando isso acontece, é bom você se acalmar e respirar fundo. *A respiração lenta é uma ponte entre a mente e o corpo.* A respiração lenta também tem-se mostrado capaz de liberar toxinas do organismo.[17] Além de ser um modo de se libertar, ela também propicia uma elevação da reação imunológica.

Os efeitos da hipnose têm sido analisados utilizando-se pacientes de melanoma como cobaias.[18] Os pacientes que passam pela hipnose têm uma taxa menor de reincidência, o que sugere que essa é uma outra técnica que cura enquanto nos acalma e produz uma trégua na agitação da nossa vida. Uma outra vantagem da hipnose é nos fazer lembrar de traumas antigos que às vezes reprimimos ou recalcamos em nosso corpo, o que nos permite nos libertar deles, porque os traumas antigos podem, literalmente, nos deixar doentes. Muitas vezes, eles estão ligados ao desenvolvimento da doença de auto-imunização, que ocorre, conforme mencionado no capítulo 2, quando nosso sistema imunológico ataca erroneamente uma parte do nosso próprio organismo.

A síndrome da fadiga crônica (SFC) é um tipo de doença de auto-imunização. Eu tive uma paciente que estava sobrecarregada por um excesso de compromissos e sofria de SFC. Ela tinha dois filhos e trabalhava fora o dia inteiro para sustentar a família sozinha. Perguntei-lhe sobre sua infância e descobri que sua vida fora marcada por maus-tratos e situações traumáticas. Indaguei-lhe se ela alguma vez imaginara como as suas responsabilidades na infância podiam ter influência sobre os problemas que ela tinha no momento, mas ela disse que não. Minha opinião quanto à SFC que ela desenvolvia, uma doença de auto-imunização, era que o organismo dela estava devorando a si mesmo como resultado de questões psicológicas que ela carregava dentro de si havia muito tempo, e a situação se agravava por causa de seu atual estado de exaustão. Sugeri a ela que fizesse psicoterapia como um primeiro passo para curar o que àquela altura se tornara uma doença física. A conexão mente-corpo é o primeiro aspecto que precisa ser tratado quando surgem os sintomas que parecem ser apenas físicos.

À medida que vivemos, descobrimos que o envelhecimento pode ser estressante porque traz consideráveis mudanças em nossas capacidades e nossa aparência. Embora em geral relacionemos a idade com a doença, essa é, na verdade, mais uma crença cultural do que um produto de observação objetiva. O envelhecimento não precisa necessariamente se vincular à doença. Se avaliarmos pessoas idosas que gozam de perfeita saúde, por exemplo, descobriremos, assim como Deepak Chopra observou, que a autonomia é muito importante. Ser capaz de tomar suas próprias decisões e viver sua própria vida é um fator comum em pessoas que chegam ao final dos oitenta ou noventa anos (veja o capítulo 2). Essas pessoas idosas acreditam que devem ser lutadoras, otimistas, manter-se informadas, fazer tudo sozinhas e tomar suas próprias decisões. Solomon, conforme já mencionei, também estudou grupos de idosos e descobriu que as pessoas que têm metas vivem mais tempo e com mais saúde.

Quem procura, sinceramente, "entregar-se aos seus sentimentos" e ser honesto consigo mesmo no que diz respeito às suas emoções está ajudando seu sistema imunológico a funcionar melhor. Não é possível dizer da boca para fora "Estou tendo uma atitude positiva" quando, no íntimo, se está furioso com alguém ou por causa de alguma coisa. *A boca não engana a mente, ou o corpo, com falsas declarações de segurança.* Nem sei como dizer o quanto é importante ser honesto com seus sentimentos. Se você está com raiva, ou triste, ou feliz, não há como enganar seu corpo. Se a mente e o corpo estão sempre ligados, e são uma coisa só, como poderia ser diferente? O que quer que se passe na mente precisa ser expresso. Se você não conseguir expressar suas emoções verbalmente, com certeza aparecerá uma úlcera, uma erupção cutânea ou algum outro sintoma.

Isso não significa que você deva agredir todo o mundo quando estiver com raiva. Mas sim que você deve dizer, ao menos para si mesma: "Estou com raiva. Estou com muita raiva", em vez de tentar se convencer do contrário: "Bem, estou pouco ligando para o fato de ela ter conseguido a promoção no meu lugar, ou de que o meu marido tenha chegado tarde em casa, ou, ou, ou...". Todos nós precisamos identificar a raiva como uma emoção legítima e lidar com ela de maneira adequada, sem magoar os outros. Isso vale tanto para a raiva de agora quanto para a que pode ter sido recalcada no passado. Algumas pessoas HIV-positivas que conheço, muitas das quais sofrem de SFC, buscam tratamentos como a terapia do grito primal, por exemplo, que visam à liberação dos sentimentos. Essas pessoas tentam trabalhar traumas realmente antigos com os quais não se sentem bem. É importante pôr para fora tudo o que estiver escondido no fundo da alma. No momento atual, por mais remédios ou terapias que procuremos, não conseguiremos relaxar se, em nosso íntimo, estivermos fuzilando de raiva por causa de algo que nos traumatizou vinte anos atrás. Todos nós tivemos traumas e problemas, e é *saudável* tentar descobrir quais carências podem ser sanadas, por mais desconfortável que seja pensar a respeito.

Da mesma forma como é importante para a nossa saúde encarar nossos problemas psicológicos, também devemos nos lembrar de que é igualmente importante estar sintonizados com nossa vida e tentar nos divertir. Muitas pesquisas têm demonstrado que o bom humor melhora o funcionamento do sistema imunológico.[19] Cada vez que você ri, são liberadas endorfinas, o que tem uma influência positiva sobre sua saúde. As endorfinas são substâncias químicas do cérebro que nos ajudam de diversas maneiras.[20] Existem algumas atividades que podem elevar o sistema imunológico nesse sentido. Por exemplo: dançar, praticar exercícios físicos, caminhar, abraçar as pessoas, visitar um amigo, beijar, cantar, orar, ter capacidade de se divertir, fazer um trabalho criativo e cultivar relacionamentos saudáveis.

Por falar em relacionamentos, eles provavelmente são o maior agente estressante para grande parte das pessoas, porque é o elemento com o qual mais nos preocupamos. Quando nos envolvemos socialmente com os outros e cultivamos um senso de comunidade, temos a chance de aumentar nossas reações imunológicas, de modo que vale a pena fazer um esforço para não se isolar nem ficar desanimado. Manter-se em contato com as outras pessoas é de grande auxílio, porque qualquer atividade que ajude nossa mente também ajuda, simultaneamente, nosso corpo. Diversas evidências médicas sugerem que essa é uma lei da natureza.[21]

E já que estamos falando sobre estar na companhia de

outras pessoas, é preciso observar que os grupos de apoio podem facilitar as tarefas corriqueiras em diversas situações. Os grupos de apoio consistem basicamente de pessoas com problemas semelhantes que se reúnem e utilizam a técnica da "Cura pela palavra". Desabafar, "botando pra fora", como diz o velho ditado, ajuda a curar. (Essa é a razão de ser dos *velhos* ditados: ele funcionam há *muito* tempo.) Por exemplo, muitos estudos têm sugerido que as mulheres com câncer de mama que freqüentam grupos de apoio tendem a ter uma vida mais longa, mais significativa e intensa do que as mulheres que não participam de nenhum grupo.[22] Existe um grupo de apoio a pessoas com câncer em Bolinas, Califórnia, no qual as pessoas com doenças letais se encontram e convivem por uma semana inteira, fazem amizades e conversam entre si longamente sobre sua vida e seus medos. O programa não é um tipo de terapia, mas um trabalho educacional. Para serem aceitos, os pacientes devem estar se tratando com um oncologista ou outro médico qualificado. Muitas pessoas que procuram esse grupo de apoio estão sendo submetidas a tratamento contra o câncer, e algumas foram até mesmo desenganadas pela medicina. Elas recorrem ao grupo de apoio para decidir *o que fazer por si mesmas* nessa etapa difícil de sua vida.[23] Os pacientes com quem conversei disseram que, ao saírem do grupo de apoio, sentiam que aquela semana mudara sua vida em termos de qualidade de relacionamentos. Eles levaram para casa, para a família e os amigos, o que haviam aprendido, e assim seus relacionamentos fora do grupo sofreram uma influência positiva. Eles aprenderam a ser mais sinceros.

Vale a pena observar que ter animais de estimação também pode aumentar a reação imunológica, porque os animais às vezes são tranqüilizadores e estimulantes, trazendo alívio a pessoas que sofrem de *stress*, que estão enfrentando uma doença ou as duas coisas. Os animais nos oferecem um amor incondicional e normalmente não pedem nada em troca. A jardinagem é outra atividade relaxante e restauradora. Banhos de espuma ou em banheira de hidromassagem servem aos mesmos propósitos, e não resta dúvida de que você poderá encontrar muitas outras atividades que ajudem a reduzir o *stress* no *seu* caso.

A Busca de Informações sobre a Doença como Forma de Diminuir o *Stress*

Está cada vez mais claro que precisamos assumir a responsabilidade por nosso próprio tratamento de saúde e que não devemos deixar todas as decisões relativas ao nosso caso na mão de profissionais de saúde (e eu me incluo nesse rol). Não se trata aqui da vida do médico, do organismo da enfermeira ou do casamento do radiologista, mas sim de um problema que diz respeito a você. Os profissionais de saúde nem sempre compreendem o que está acontecendo especificamente no seu caso. Lembre-se: você é uma pessoa completa e tem a sua vida, seus relacionamentos, suas crenças espirituais e sentimentos; portanto, é você quem deve analisar as opções que estão à sua disposição e então tomar suas próprias decisões.

Um homem que conheci foi ao médico e este lhe disse que ele era HIV-positivo. O médico declarou: “Vamos recorrer a tratamentos por meio do AZT, e aqui está o planejamento que fiz para o seu caso.” O paciente respondeu: “Não, obrigado. Prefiro um tratamento holístico.” O médico respondeu:

"Você está louco, e vai acabar morrendo." Então o paciente se levantou da cadeira e se despediu, dizendo: "Obrigado por tudo, mas você não é mais o meu médico." Isso aconteceu há seis anos e ele ainda está passando bem. Não está doente e não apresenta sintomas nem problemas físicos. Ele adotou uma filosofia holística em relação à sua doença e tem feito as escolhas que considera mais adequadas ao caso dele. Não fez o que o médico achava certo, mas o que *ele* achava que era certo. Isso me leva à seguinte questão: você precisa decidir por si mesmo o que funciona no seu caso.

Quando você entra num consultório, normalmente já está fazendo uma escolha. O médico poderá dizer: "Você precisa fazer uma cirurgia." Essa postura convencional é importante no tratamento de muitas doenças e não deve ser ignorada. No entanto, você também deve considerar o que eu chamo de "o outro lado" da doença e decidir que alternativas você tem além do tratamento mais convencional do tipo cirurgia, quimioterapia ou radioterapia. As pesquisas têm demonstrado constantemente que as pessoas que têm a possibilidade de fazer escolhas, de *escolher* por si mesmas, em vez de seguir o que o médico indicou, vencem mais batalhas na guerra contra a doença.[24] O objetivo do meu trabalho é ajudar as pessoas a avaliar suas alternativas e escolhas, prestando-lhes assistência na tomada de decisão quanto à escolha de terapias holísticas e/ou convencionais.

É essencial confiar na pessoa que o está assistindo. Quando os pacientes consideram seu terapeuta como uma autoridade que sabe o que está falando, e quando esse profissional diz: "É isto o que funciona e foi isto o que descobrimos com as pesquisas", o paciente reage com confiança. Isso prova que é essencial encontrar profissionais com quem você se sinta à vontade. Esse é o seu direito como paciente! Se você não se sentir à vontade, seu corpo começará a desenvolver o *stress*, e isso o levará de volta à luta entre o sistema nervoso e o sistema imunológico. Provavelmente, todos nós sabemos como é a sensação de estar na presença de um profissional que não respeitamos, que nos diz coisas com as quais não concordamos. Se você sente que a relação com o seu médico não funciona em termos de trabalho em equipe, é melhor mudar para outro médico em quem você confie.

Há pouco tempo, tratei de uma jovem que apresentava um cisto excepcionalmente grande no ovário. A ultra-sonografia indicava que o cisto poderia ser maligno. Ela me disse que não queria remover o cisto cirurgicamente, embora esse seja o procedimento usual em casos como o dela. Analisamos juntas uma variada gama de possibilidades. Sugeri que ela continuasse coletando opiniões até encontrar um médico em quem realmente confiasse. Ela precisava sentir-se bem em relação às informações que estava recebendo; só assim poderia continuar com o tratamento. Algum tempo depois, ela me telefonou e me contou que, por causa de nossa conversa, finalmente encontrara alguém que acabara realizando a cirurgia. Ela teve de fazer uma longa viagem nessa procura. O cisto não se revelara um tumor, mas uma endometriose. Ela estava satisfeita com o resultado, além de muito agradecida por ter tido tempo suficiente para procurar alguém com quem se sentia à vontade. Não devemos subestimar esse aspecto, porque ele é muito relevante para a cura.

Os profissionais de saúde têm diferentes filosofias em relação ao que funciona e ao que não funciona. Eu posso perguntar a um paciente: “Você já cogitou em fazer acupuntura?” Se o paciente tiver pavor de agulhas, só de pensar no assunto já se sentirá estressado. A acupressura, que é feita sem agulhas, às vezes funciona melhor. Depois de anos de trabalho como enfermeira e como terapeuta profissional, aprendi a ficar atenta às necessidades e aos sentimentos dos pacientes e acabei compreendendo que saber *ouvir* é essencial para a *cura*.

Carl Simonton é um cientista que estuda a relação entre o que ele chama de "visualizações" e a doença.[25] Seus pacientes são orientados a visualizar seu sistema imunológico e as células boas devorando as células ruins. Um paciente argumentou que, como era pacifista, "não podia imaginar nada destruindo qualquer outra coisa. Então vou convidar as células ruins a saírem educadamente do meu corpo". Uma vez que vamos tratar do problema, temos de avaliar a informação que recebemos para saber o que funciona melhor no nosso caso, como pessoas específicas. É claro que o que funciona para uma pessoa não funciona necessariamente para outra. Nosso corpo nos dirá o que funciona, embora ele já tenha tentado nos dizer isso inúmeras vezes antes que nos dignássemos a ouvir.

Eu forneço o máximo de informações possível aos meus pacientes para ajudá-los a fazer suas escolhas. Meu conselho é: "Imagine um baralho. É como se eu lhe oferecesse todas as cartas possíveis e você escolhesse só as de que precisasse para vencer o jogo." As melhores cartas são diferentes para cada um de nós, porque temos vidas diferentes, diferentes históricos de saúde e acreditamos em coisas diferentes. Temos de acreditar de verdade no que é certo para nós, não no que é certo para outra pessoa ou mesmo para uma dúzia de pessoas. Dessa forma, cada mulher deve procurar o lugar onde se sinta mais segura para se tratar.

Dependendo da situação, às vezes sugiro que a paciente procure remédios homeopáticos ou fitoterápicos. A homeopatia utiliza as ervas ou plantas naturais no tratamento de doenças.[26] Geralmente, essas ervas e/ou plantas são transformadas em comprimidos ou apresentadas em saquinhos de chá e vendidas em farmácias e lojas de produtos naturais. Muitas pessoas têm se curado de erupções cutâneas, de infecções, do hábito de fechar os maxilares com muita pressão, gastrite, entre outros distúrbios comuns relacionados com o *stress* com o uso de remédios homeopáticos. Os terapeutas da medicina homeopática ou da fitoterapia geralmente estão relacionados nas seções de saúde holística nas listas telefônicas. Embora haja diversos livros publicados sobre homeopatia, recomendo que ela seja usada com a supervisão de um profissional, pois seu uso é bastante complexo.

Também posso orientar sem hesitação o paciente a procurar um cirurgião para receber um tratamento mais convencional. A questão é: cada doença é diferente da outra, cada pessoa é diferente da outra e cada um tem um *stress* diferente do outro. Precisamos estar abertos para considerar todas as possibilidades. Quando ficamos doentes, por que não nos dispormos a experimentar todas as soluções apresentadas pela medicina, seja um tratamento a *laser* que acabou de ser patenteado, seja uma receita de plantas que tem funcionado há milhares de anos? Geralmente, o tratamento convencional associado ao não-convencional tem levado à cura.

Você já deve ter algumas impressões intuitivas sobre a relação entre o *stress* e a doença. Você já deve ter sentido que realmente sabe o que o deixou doente. No entanto, estamos todos tão acostumados a aceitar as explicações técnicas que podemos aceitá-las facilmente e voltar aos velhos hábitos. Pode ser que você argumente: "Viu como eu estava certa? As pesquisas científicas confirmaram." As pesquisas apenas provam o que já sabemos: que a mente e o corpo são uma coisa só e que aquilo que você pensa e diz e o seu estilo de vida influem sobre a duração e a qualidade de sua vida. As palavras que usamos, as palavras que repetimos realmente nos afetam. As palavras negativas e aquelas que expressam dúvida, como "Não sei se vou conseguir", podem inibir nossa espontaneidade e, com ela, também o nosso sistema imunológico. O sistema imunológico é como uma equipe esportiva. Se você lhe infundir entusiasmo, o que acha que vai acontecer?

Ouça o Seu Corpo

As células T citotóxicas do seu organismo precisam ser mobilizadas. Para que isso aconteça, devemos seguir os passos que mencionamos antes, a fim de realmente conseguir o resultado esperado e recobrar a saúde. Uma vez que todos vamos morrer, o que interessa é a qualidade de vida que temos enquanto estamos vivos. Ao mesmo tempo, acredito que todos sabemos como melhorar nossa qualidade de vida, mas raramente o fazemos porque achamos que não sabemos. Fico sempre surpresa com o número de mulheres que me procuram regularmente afirmando que não sabem o que está lhes fazendo mal. Eu digo a cada uma delas: "Você sabe. Conte-me o que você acha que está acontecendo. Ouça o seu corpo e ele lhe dirá o que está em desequilíbrio."

Ao longo dos anos, foram feitos diversos testes para medir os indicadores de doenças em pessoas sob o efeito do *stress*.[27] Foram avaliadas as relações entre a doença e fatores como morte, divórcio, casamento e falência. Quanto maior a pontuação, mais alto é o risco de doença. Por seu turno, a comunidade médica tem analisado a idéia controvertida de usar essas medidas para determinar se existe uma relação entre *stress* e doença. Eu trabalho na área de saúde há trinta anos, e para mim não há dúvida quanto a isso. Existe uma sólida relação. O *stress* provoca reações bioquímicas no corpo que acabam por exauri-lo até que a doença apareça.

Não vamos conseguir eliminar o *stress*; então, o que podemos fazer? Se não atacarmos o *stress* de alguma forma, ele vai permanecer no corpo. A mente e o corpo são uma coisa só, e é por isso que nossas células sabem quando estamos muito estressados. Não podemos esconder o fato delas, embora sem dúvida sempre tentemos. Precisamos aprender a lidar com o *stress*, o que significa eliminá-lo do nosso corpo, uma vez que ele não vai se dissipar por conta própria. Levamos uma vida complicada e agitada graças aos computadores, telefones portáteis, aparelhos de fax e todo o tipo de intromissão da mídia. Talvez a questão seja que o nosso sistema nervoso não foi necessariamente criado para agir tão rápido. Toda essa hiperatividade pode sobrecarregar o sistema imunológico e assim nos deixar expostos à doença, a menos que consigamos nos acalmar ou adotar técnicas antiestressantes como uma prioridade em nossa vida. O que você fizer ou deixar de fazer quanto a isso determinará toda a diferença.

4

A co-dependência pode levar ao caos

O sol brilhava resplandecente, espalhando seus raios multicoloridos sobre as flores lá fora, mas eu continuava sentada dentro de casa, olhando para o espelho, sombria, como se o mundo fosse acabar em tempestade. No reflexo, eu via um carcinoma basocelular justo no meu rosto. Eu o enxergava, sabia onde se localizava e tinha exata consciência do seu significado; eu o vinha observando havia exatamente seis meses, tinha consciência de que o observava havia seis meses e também de que vinha ignorando ou fingindo ignorar o que estava vendo agora. Se uma das minhas pacientes cuidasse da própria saúde desse modo, eu lhe sugeriria que fosse, imediatamente, procurar um terapeuta.

Eu estivera envolvida emocionalmente com um homem que me fizera muitas promessas sobre o "nosso futuro juntos". Ele me prometera que "ficaria ao meu lado", embora nunca aparecesse quando eu precisava. Eu acreditara nele, a despeito das coisas que prometia e não cumpria. A distância entre as promessas dele e a realidade foi se tornando tão grande que já adquiria a dimensão de um Grand Canyon. Eu me envolvera a tal ponto que só me preocupava com ele e suas necessidades. Eu me sentia obcecada, "viciada" nele, e "apaixonada" pela fantasia do nosso relacionamento juntos. Agora que tudo tinha terminado, eu via o quanto ignorara minhas próprias necessidades – a ponto de não procurar ajuda médica para tratar de um tumor possivelmente maligno. Pensando bem, acredito agora que a raiva reprimida e a dor haviam baixado meu nível de interferon, debilitando meu sistema imunológico e permitindo que o carcinoma se desenvolvesse de maneira descontrolada. (Conforme demonstraram as pesquisas de Joan Borysenko, quando os níveis de interferon estão baixos, o sistema imunológico não consegue impedir o crescimento das células cancerosas, como faz normalmente.[1]) Tentei me justificar pensando em quanto me custaria esse problema. Achava que não poderia arcar com as despesas pela remoção do tumor; assim, cuidaria dele quando tivesse dinheiro. Então me lembrei de uma excursão de esqui de que participara e de que o custo das passagens aéreas seria suficiente para pagar a cirurgia. Além disso, meu seguro-saúde cobriria as despesas. Como eu pude pagar pelas férias e não pelas despesas com o tratamento médico? Só mesmo virando minhas prioridades de cabeça para baixo e negando meus sentimentos eu teria sido capaz de tomar uma decisão dessas. Algumas semanas depois, comecei a compreender que a minha confusão não tinha a ver com dinheiro, mas com algo mais. Por fim, encontrei um cirurgião plástico que é meu amigo e colega.[2] Aplicando anestesia local, ele removeu cirurgicamente um grande pedaço de pele que incluía a lesão cancerosa e o tecido adjacente. Então tive de esperar por uma hora para ouvir o relatório do patologista. Quando ele finalmente voltou, descobrimos que se tratava apenas de um carcinoma basocelular de baixo potencial de malignidade; no entanto, ele não fora extirpado como devia. O cirurgião precisou remover mais tecido e então eu tive de esperar por mais uma hora pelo segundo relatório. Por fim, vieram as boas notícias. Todas as células malignas haviam sido removidas. Por sorte, meu cirurgião foi gentil e compreensivo durante toda essa experiência e a ansiedade decorrente. Ao que tudo indicava, eu estava completamente curada e ficara apenas com uma cicatriz mínima, graças à perícia dele. Essa foi uma lição de baixo custo financeiro e emocional – a qual espero que não se repita. Além de ter sido uma boa sacudida nos meus padrões de co-dependência.

Enquanto me encontrava sob o bisturi do cirurgião, comecei a pensar na vida e percebi que deixara o câncer progredir até aquele ponto porque não conseguia encarar a mim mesma. Eu ignorara minhas próprias necessidades e permitira que o *stress* fizesse baixar minha defesa imunológica. Isso é o que chamo de co-dependência.

O Que Vem a Ser Exatamente Isso?

Co-dependência é um estado em que as pessoas se preocupam com as outras, ignorando as próprias necessidades e sintomas a ponto de adoecer.[3] Trata-se de uma situação especialmente insidiosa, traiçoeira, para as mulheres que foram educadas para se tornar co-dependentes, como se isso fosse algo positivo e saudável. É o que exemplifica o tipo da "eterna abnegada", que todos nós conhecemos. Para combater a co-dependência, uma vez que ela afeta tanto a nossa saúde, precisamos assumir a responsabilidade sobre o nosso comportamento, por estabelecer nossos próprios limites e fronteiras.

Quando adoecemos, geralmente nos dispomos a aceitar as maravilhas técnicas da medicina convencional. Parece um milagre que um dia estejamos às portas da morte e 24 horas depois em franca recuperação apenas por termos friccionado nosso corpo com algum linimento farmacêutico ou nos submetido a uma pequena cirurgia. A luz ofuscante do milagre nos impede de ver como a co-dependência nos deixa tão mal que apenas um milagre nos salvará. *O que me preocupa com relação à co-dependência e à doença é que a ligação entre elas ainda é um fenômeno muito pouco identificado nas práticas da medicina convencional.*

Quando as pacientes relatam mais de uma vez uma variedade de queixas físicas, a primeira coisa que faço é perguntar-lhes o que está ocorrendo em sua vida e em seus relacionamentos para que elas se sintam tão mal. Esboço então a possibilidade de haver uma ligação entre o que está acontecendo na vida delas e em seus relacionamentos e suas queixas físicas – ou seja, suas queixas somáticas. (*Somático* significa "físico" ou "relativo ao corpo". O termo *psicossomático*, mais comumente ouvido, indica uma interação dos fenômenos mentais e corporais – como em "úlceras psicossomáticas" – e não quer dizer que esteja tudo na cabeça do indivíduo.) As pessoas sempre ficam impressionadas ao ouvir isso, como se a mente e o corpo não estivessem ligados. Nas práticas médicas convencionais, poucos profissionais questionam os pacientes quanto ao que esteja ocorrendo em sua vida e se isso poderia ter alguma relação com seus sintomas. Mesmo que se façam os exames mais dispendiosos, os dados laboratoriais não encontrarão nada de errado nesse aspecto. Assim, tanto os pacientes quanto os médicos ficam confusos. Nosso próprio organismo nos diz, muito antes de fazermos os exames de laboratório, que há algo de errado, mas nós geralmente estamos tão distantes do nosso corpo e/ou preocupados demais com os outros que ignoramos esses sinais.

Em casos em que se encontra algo de errado, o tumor é removido ou é realizada uma intervenção cirúrgica ou são administrados rádio e quimioterapia, e *ainda assim* ninguém pergunta à paciente como ela está se sentindo. Como ela está se comportando? O que ela pensa? Ela tem um relacionamento íntimo, um parceiro? Como está esse relacionamento? Ela tem filhos? Ela é co-dependente em seus relacionamentos? E como isso afeta sua saúde? Quais são seus sentimentos e de que forma ela lida com eles?

Padrões de Vida Co-dependentes

Em seus livros, Louise Hay tem sustentado que, se os problemas subjacentes não são tratados, pode-se estar criando outra doença. Descobri a veracidade dessa afirmação tanto no plano pessoal quanto no trato com pacientes no meu consultório. Acho que é imprescindível discutir com as mulheres seus possíveis padrões de co-dependência e encaminhá-las a analistas ou psicoterapeutas que possam analisar as conseqüências potencialmente físicas desses problemas. Minha conclusão, depois de onze anos de prática no tratamento holístico feminino, é de que ser co-dependente significa preocupar-se em excesso com a vida dos outros e conseqüentemente ignorar as próprias necessidades imediatas. Concentrar-se nos problemas de outra pessoa é uma maneira conveniente de evitar encarar os próprios problemas, o que pode levar à doença. Sendo co-dependentes, não resolvemos nossas próprias dificuldades. Na verdade, em geral, não temos nem sequer consciência do nosso próprio *stress*, porque canalizamos nossas energias para o *stress*, para o trabalho, para a doença ou para a vida amorosa dos outros. Para cuidar do nosso próprio *stress* precisamos dedicar algum tempo para analisar nossa vida em vez de nos devotarmos zelosamente à vida de outra pessoa.

No seu livro *A Different Voice,* Carol Gilligan sugere que as mulheres desenvolvem sua identidade, em grande parte, com base em seus relacionamentos.[5] Quando os relacionamentos se desgastam, tenho observado que as mulheres costumam apresentar sintomas físicos e reações ao *stress*. Ainda que alguns leitores talvez menosprezem essa observação, considerando-a como uma mistificação, vejo exemplos notórios disso todos os dias. Muitas mulheres me procuram para tratar de vaginites, fibromas, endometrioses ou nódulos mamários, e esses sintomas freqüentemente são acompanhados de problemas de relacionamento. Algumas mulheres infelizes em seus relacionamentos íntimos não sabem o que fazer. Não querem se separar do parceiro e gostariam de conversar sobre seus sentimentos, mas não sabem como, ou então o parceiro se mostra desinteressado ou indiferente. Tenho visto mulheres nessa situação desenvolverem vaginites crônicas, que tive de tratar diversas vezes seguidas. Eu converso com elas sobre os medicamentos convencionais e a prevenção holística, mas a raiz do problema às vezes é bem diferente, o que talvez requeira que a paciente identifique os problemas que não está enfrentando em sua vida e que podem estar se refletindo em seus órgãos genitais. O que uma vaginite recorrente indica sobre nosso estado? É possível que não estejamos nos alimentando bem por estarmos ocupadas demais para cuidar de nós mesmas. Também é possível que estejamos vivendo um relacionamento insatisfatório, desagradável ou que nos violente e que não consigamos discutir nossos sentimentos. Pode ser que tenhamos de fazer um trabalho que detestemos e não saibamos como nos livrar dele, ou que não saibamos como sair de um emprego e começar uma nova carreira. Ao enfrentar uma situação de *stress* crescente e contínuo, as pobres células acabam sucumbindo.

Um terapeuta me fez ver quantas mulheres carregam a raiva reprimida dentro de si quando me perguntou se eu era capaz de expressar minha indignação. Ele disse que vira muitas mulheres com raiva reprimida, e que não sabiam expressá-la por terem sido educadas para ser "boazinhas". As mulheres são educadas para não falar, não ter raiva e "ajeitar as coisas". Quando ele me pediu para identificar e expressar minha raiva e minha indignação, fiquei confusa. Raiva? O que ele queria dizer com raiva? Como se chega a isso? E *o que aconteceria com meus relacionamentos, ou comigo mesma, se eu expressasse minha raiva?* Eu era diferente das outras mulheres? Com certeza, não. Mas quando me acalmei, eu a senti: algo inconfundível ardendo em algum lugar dentro de mim. Dar voz aos meus sentimentos não só os esclarecia como também me ajudava a resolvê-los.

Os sintomas derivados da raiva reprimida são diversos. Tanto em minhas pacientes quanto em mim mesma, há muito tempo tenho notado como a raiva reprimida pode levar à depressão e à doença física. A doença, a enfermidade, o mal-estar têm a ver com "estar mal", "estar pouco à vontade", "não conseguir relaxar". O papel geralmente aceito para a mulher na sociedade – como mãe ou dona de casa – pode ser maravilhosamente compensador se não for levado ao extremo. *Mas, quando a mulher cuida da casa ou da família (ou interfere nelas) a ponto de não cuidar de si mesma, seu corpo é que sofre as conseqüências.*

Existe um motivo para isso, também, que uma vez mais se confirma. As mulheres normalmente não falam sobre o que se passa em seu íntimo. Talvez o risco seja muito grande – para si mesmas, para sua auto-imagem, para os outros? A raiva pode parecer terrível quando não a expressamos. No mesmo sentido, quando não podemos exprimir nossos sentimentos, nós os interiorizamos. Conforme Melanie Beattie sustenta em seu livro *Codependent No More*, a raiz do problema também tem a ver com o fato de a mulher voltar-se para fora, para se preocupar com os outros, em vez de para dentro, para se preocupar consigo mesma.[6] Se não falamos sobre nossa raiva, nossa tristeza, nossa frustração, nossas necessidades, para onde vai toda essa energia? Para onde vão todos esses sentimentos? Eles vão para dentro do nosso corpo, como discutimos no capítulo 2. Devemos nos lembrar de que a co-dependência se desenvolve melhor no silêncio e requer que não falemos. Às vezes, a abnegação consegue ser verdadeiramente brutal.

Ao estudar as respostas de adolescentes a perguntas sobre sentimentos, Gilligan descobriu que, a princípio, elas não respondiam com sinceridade. Independentemente de qual fosse a pergunta, elas respondiam com alguma variante de "não sei". Depois de várias tentativas, Gilligan conseguiu conquistar um certo grau de confiança entre as garotas e elas começaram a falar. Na verdade, elas sabiam tudo o que estava acontecendo com elas, mas tinham medo de expressá-lo com medo de perder o namorado, as colegas ou de irritar os pais. Então fingiam não saber. Gilligan sustenta claramente o argumento de que as mulheres, desde a mais tenra idade, são ensinadas a não saber, para não perder seus relacionamentos, ao passo que os homens aprendem a reprimir ou esconder o que sabem. Mas saber e fazer são coisas muito diferentes, na maior parte do tempo. Precisamos parar de fingir que não sabemos o que está acontecendo e parar de reprimir os sentimentos quando sabemos. A minha experiência como enfermeira tem me ensinado que, se as mulheres conseguirem deixar de fingir que não sabem e começarem a falar, poderão ter muito menos doenças.

A Consciência e o Diagnóstico Médico Moderno

A experiência me levou a acreditar que as mulheres às vezes transferem os problemas para o interior de sua pelve, e um exemplo disso são os cistos no ovário. Uma doença comum em muitas mulheres, os cistos no ovário são geralmente benignos e requerem um tratamento mínimo. Entre os sintomas destacam-se dor pélvica, ciclo menstrual irregular e dores nas pernas. O que se costuma fazer é observar o cisto duas vezes por ano, fazendo exames de ultra-som para determinar seu tamanho e quaisquer alterações de aspecto, e então acompanhar seu desenvolvimento em exames subseqüentes. As pílulas anticoncepcionais têm sido usadas com sucesso na diminuição do tamanho dos cistos. O tratamento por acupuntura e fitoterapia também tem-se mostrado eficaz. A medicina ocidental, no entanto, não tem se mostrado capaz de determinar as causas dos cistos ovarianos. Quando uma mulher me procura com um cisto, eu sempre lhe peço para me contar sobre seus relacionamentos – como estão no momento e como ela se sente a respeito deles. Incentivo especialmente as mulheres a avaliarem seus sentimentos em relação a seus relacionamentos amorosos. Será que elas não estão guardando raiva e tristeza que precisam ser externadas? Muito freqüentemente, descubro ser essa a causa.

Os cistos ovarianos em geral trazem à tona o grande medo das mulheres em relação ao câncer no ovário, ainda mais depois da publicidade que algumas mortes por esse tipo de doença têm obtido na mídia. Explico às pacientes que o câncer no ovário é uma doença extremamente rara, além de difícil de ser diagnosticada no início. No momento, há apenas dois testes que podem levar ao diagnóstico precoce: o teste sanguíneo CA 125 e a ultra-sonografia. Os sintomas do câncer no ovário são inchaço abdominal, dor nas costas e sangramento incomum, embora uma mulher possa apresentar todos esses sintomas e não ter câncer no ovário. Se a mulher estiver desconfiada, deve fazer ambos os exames e só então tomar sua própria decisão, baseada nos custos e em sua intuição. Christiane Northrup refere-se ao câncer no ovário como a Síndrome das Algemas Douradas, uma vez que geralmente esse tipo de câncer costuma ocorrer em mulheres que permanecem casadas com homens abastados por motivos financeiros, a despeito de sua imensa infelicidade – outra doença relacionada à co-dependência.[7]

Outra enfermidade ginecológica comum que em geral parece ligada ao *stress* da co-dependência são as infecções do trato urinário (ITUs). Os sintomas são micção dolorosa e freqüente, sangue na urina, dor durante as relações sexuais, coceira e febre. O tratamento convencional é a administração de antibióticos por três a sete dias. O tratamento holístico faz uso das ervas hidraste *(Hydrastis canadensis)*, uva-ursina *(Arctostaphylos uva-ursi)* e raiz de altéia ou malvavisco *(Althaea officinalis)* três vezes ao dia, durante três a sete dias. Entre os fatores causadores da doença, incluem-se a ingestão de líquidos em pequena quantidade, o que leva à micção pouco freqüente, assim como sexo, açúcar, álcool, *stress* e a tendência entre as mulheres de ignorar seu corpo quando estão muito atarefadas. Uma de minhas pacientes sofria de ITUs freqüentes até que, durante nossa conversa sobre seu relacionamento, ela compreendeu que estava "saturada" do seu namorado, e sua bexiga a estava avisando disso.

Outra paciente sofria de uma dor pélvica crônica não diagnosticada. Perguntei-lhe se alguma vez ela havia sido vítima de abuso sexual. Algumas vezes as mulheres sabem que sofreram abuso; outras vezes não sabem; outras, ainda, isso pode ter ocorrido apenas na imaginação. Deepak Chopra e Christiane Northrup afirmaram que nossas células guardam a lembrança de tudo o que lhes aconteceu.[8] Até que um dia, por causa de algum sintoma físico, o corpo consegue expressar um trauma anterior que não tinha sido conhecido. Conheci mulheres que reprimiram ou ocultaram por muito tempo um trauma de violência sexual; então, por alguma razão, elas começam a se lembrar do acontecido. Elas começam a "saber" por si mesmas, sem que um médico precise lhes dizer, que dores pélvicas ou outras doenças ginecológicas crônicas são *psicogênicas* (ou seja, se originam na mente). Pouco a pouco, elas chegam à conclusão de que devem procurar um psicólogo (não um remédio) para ajudá-las a curar o que, com o tempo, tornou-se uma manifestação física.

Por causa da grande capacidade da mente para imaginar, negar ou reprimir o abuso sexual, muitas mulheres não têm consciência de que algo lhes aconteceu quando eram crianças. Elas me procuram alegando ter dores na região pélvica que sou incapaz de diagnosticar. Seus exames voltam do laboratório com resultado negativo. O exame prova que elas sentem dores, mas somos incapazes de encontrar os motivos. Geralmente, eu as trato com uma dosagem de antibióticos, e elas melhoram durante algum tempo, mas depois a dor volta. O corpo armazena aquelas mágoas profundas que a mente (e a boca) não pode expressar.

Por falar em coisas que não conseguimos expressar pela boca, comentarei agora a respeito de fibromas e divórcio.

Cheguei à conclusão de que os fibromas uterinos podem ser o resultado de anos de envolvimento numa relação de co-dependência, em que as mulheres têm sua criatividade e seus sentimentos bloqueados por estarem preocupadas demais em superproteger o parceiro. Tenho visto um número cada vez maior de mulheres com fibromas no útero e noto que existe um padrão de fibromas relacionados ao divórcio. Os fibromas são tumores benignos que alargam o útero, tendem a estender a duração dos períodos menstruais, causam dores pélvicas e dificultam a passagem da urina ou o funcionamento dos intestinos. De maneira geral, não há por que se preocupar com esses fibromas, tecnicamente falando, mas eles causam grandes problemas práticos. Os fibromas às vezes parecem acompanhar a raiva reprimida. Northrup sugere que eles podem estar vinculados a uma demissão ou ao fim de um relacionamento. Quando converso com as pacientes sobre seus relacionamentos, muitas vezes descubro que elas estão vivendo problemas amorosos, estão se divorciando ou não gostam do trabalho que fazem. Às vezes, estão passando por momentos de tristeza, raiva e outros sentimentos de que não têm consciência. Eu as incentivo a procurar a medicina holística, para que o corpo delas lhes ensine o que precisam saber.

Os fitoterapeutas, também chamados naturopatas, têm tido sucesso no tratamento de fibromas por meio de ervas e de terapia para ajudar a liberar a raiva reprimida. A acupuntura também pode aliviar os fibromas. Eu descobri que, assim que as mulheres começam a lidar com esses problemas, a se esforçar conscientemente para eliminar esses sentimentos do corpo, os fibromas tendem a recuar. Apesar disso, os tratamentos holísticos não costumam ser indicados na ginecologia convencional. Segundo a minha experiência, as abordagens holísticas no tratamento de fibromas podem ser extremamente eficazes. A mulher precisa estar motivada e preparada para fazer um grande trabalho emocional, e também se comprometer a tomar as ervas e talvez fazer acupuntura. Esses podem ser passos colossais para algumas mulheres.

O conhecimento científico convencional tende a vincular os fibromas à idade. Assim, os cientistas podem contestar as explicações psicogênicas com o argumento de que de 20 a 50 por cento das mulheres acabam desenvolvendo fibromas de qualquer modo, *sejam ou não* divorciadas.[9] No entanto, eu vi tantos fibromas associados a divórcios que não posso continuar a acreditar que se trate de mera "coincidência". Seria como olhar para meus cinco dedos e dizer: "Não, tenho apenas quatro."

A endometriose é o crescimento excessivo da mucosa uterina; até que, por fim, a mucosa se expande para fora do útero. A endometriose pode ser causada pela produção excessiva de estrogênio a partir de gorduras animais, *stress* ou outros fatores desconhecidos. A superprodução de estrogênio estimula a proliferação (crescimento e espessamento) da mucosa – o endométrio –, e esse crescimento excessivo migra do útero para outras partes do abdome. O crescimento excessivo e o movimento acarretam menstruação excessiva, sangramento irregular amarronzado, dores pélvicas e menstruais, bem como dor durante as relações sexuais. Assim como os fibromas, a doença geralmente parece estar ligada a relacionamentos de co-dependência e pode ser considerada uma doença relacionada ao *stress* nas mulheres, uma vez que interiorizamos muitos de nossos sentimentos nos órgãos da região pélvica. Na prática médica antiga, que dividia o corpo em diferentes áreas chamadas *chakras*, o *chakra* pélvico é o segundo *chakra*, o qual era vinculado aos relacionamentos.[10] Faz sentido para mim que nós, mulheres, desloquemos sentimentos não-externados sobre questões do coração para o que considero o outro coração das mulheres, seus órgãos genitais. Quando *ouvimos* nosso corpo, começamos a perceber que a doença pode não ser uma ocorrência fortuita. A doença é como um professor, que nos orienta a fazer as mudanças necessárias. Talvez tenhamos de dizer "não" aos outros e às suas cobranças sem fim, estabelecer limites para nossos relacionamentos e restringir o tempo dedicado aos outros. A doença é um barco salva-vidas que é enviado para nos salvar. Não precisamos subir a bordo dele.

Podemos escolher entre ignorá-lo, continuar a nos debater no mar das emoções secretas e das curas temporárias e esperar que não nos afoguemos.

Há muitos anos, pesquisadores médicos e fisiologistas têm observado a relação entre acontecimentos estressantes e a progressão do câncer tanto em cobaias animais quanto em seres humanos.[11] Nos seus livros *Codependent No More* e *Beyond Codependency*, Melanie Beattie afirma que pode haver uma ligação entre co-dependência e câncer. Tempos atrás, reparei que muitas pacientes com câncer haviam sofrido grandes perdas, como a perda de um ente querido. Especificamente com relação ao câncer de mama, constatei ligações com a morte do marido ou com um relacionamento traumático com os pais ou com um namorado. Há muito tempo venho suspeitando que os índices cada vez maiores de câncer de mama podem estar relacionados, de alguma forma, à incapacidade de certas mulheres de cuidar de si mesmas e à sua necessidade de se voltar para fora e se preocupar com os outros. Isso cria um desequilíbrio entre dar e receber. O que acontece quando a pessoa a quem elas dedicam a atenção morre? Com quem essas mulheres vão se preocupar então? Existem muitas causas de câncer de mama, e toda doença está relacionada a muitos fatores. Não estou sugerindo que o desequilíbrio entre dar e receber seja a única causa. No entanto, existe um fator comum aqui que pode revelar muito sobre o corpo, a doença e a cultura.

Para a mulher, os seios, acredito, têm a ver com relacionamentos e nutrição. Christiane Northrup cita o intrigante caso de uma mulher, na casa dos 60 anos, que apresentava secreção no mamilo. A filha dessa mulher mudara-se recentemente de casa. Northrup analisou a secreção, que era realmente leite materno. O cuidado com a filha e a casa inevitavelmente vazia produziram *stress* no corpo da mulher. Como mãe, ela estava acostumada a se preocupar com o bem-estar da filha. Sem conseguir expressar essa sensação de perda, ela a transferiu para o seu corpo.[12]

Tenho atendido algumas mulheres com sangramento incomum no útero e sempre lhes pergunto sobre seus relacionamentos, por causa da crença da antiga medicina chinesa de que o sangramento incomum está relacionado com questões do coração.[13] Muitas mulheres me responderam: "Não acredito que você tenha me perguntado isso, porque acabei de me separar do meu namorado" ou "Meu pai morreu recentemente." Eu acho que o útero é como o coração da mulher, pois muitas questões ligadas ao nosso centro emocional parecem girar em torno dele – isto é, ficar menstruada, não ficar menstruada, estar grávida, não estar grávida, TPM e menopausa. Portanto, um problema emotivo poderia nos fazer dirigir as energias para o útero, porque às vezes é difícil falar sobre a dor, a tristeza, as mudanças ou a perda. *Nosso corpo nos fala quando a mente não pode fazê-lo.* (Muitas mulheres com sangramento incomum estão na pré-menopausa, e por isso o sangramento pode ser devido à perda de hormônios. Contudo, os problemas de relacionamento parecem estar vinculados ao sangramento, e geralmente as mulheres na idade da menopausa estão passando por mudanças nos relacionamentos – divórcio, independência dos filhos, segundo casamento, mudança na carreira ou qualquer outra transição no estilo de vida que envolva alteração de regras.)

Uma de minhas pacientes, por exemplo, estava na casa dos 40 anos, portanto na idade da menopausa, quando o marido a abandonou de repente. Ela parou de menstruar.

Não se sentia como se estivesse na menopausa, muito embora não menstruasse mais depois do fim repentino do casamento. Minha interpretação foi que o choque em seu organismo afetou o funcionamento do hipotálamo (no cérebro, o hipotálamo está relacionado com a produção de hormônios), e por isso ela entrou de repente na menopausa.

Em outro caso, o divórcio de uma paciente pareceu interromper completamente suas menstruações. Ela queria saber se estava mesmo na menopausa ou apenas muito estressada. Colhi seu sangue para um exame do hormônio folículo-estimulante (FSH, do inglês *Follicle Stimulating Hormone*), que indica se a mulher está na menopausa. O resultado foi acima de 35, o que significa que ela estava na menopausa. Ela decidiu começar uma terapia de reposição hormonal. Um ano mais tarde, ela voltou e me disse: "Fico imaginando se estou mesmo na menopausa. Talvez eu não esteja, e, se não estiver, poderia engravidar." Fizemos outro teste do FSH, e dessa vez deu abaixo de 35. Agora ela estava numa situação muito melhor, estava mais calma e se acostumara com o divórcio, sentindo-se bem consigo mesma. Grande parte do seu *stress* desaparecera. Aparentemente, ela não estava mais na menopausa, o que significava, na verdade, que talvez ela nunca estivera na menopausa. O divórcio confundira seus hormônios a tal ponto que eles indicaram a menopausa. Depois de um ano de terapia de reposição hormonal, ela passou a tomar a pílula anticoncepcional para não engravidar.

Essa paciente teve a intuição de que não entrara na menopausa, e, pelo que conversamos, compreendi que ela tivera uma profunda impressão a esse respeito. Não devemos desprezar o sentido dessas mensagens interiores, nem esquecer que mente e corpo são uma coisa só.

De acordo com o que eu disse no início deste livro, tive melanoma muitos anos atrás, no início da minha carreira, de modo que, quando tive essa experiência recente com o carcinoma basocelular, não era a primeira vez que eu tinha de encarar minhas tendências à co-dependência. Quando desenvolvi o primeiro *melanoma* (um câncer de pele que pode se disseminar pelos órgãos vitais), eu estava num relacionamento que eu considerava co-dependente. Meus pensamentos estavam sempre centrados no meu marido e no que ele estava fazendo; na sua carreira e nas suas necessidades. Eu trabalhava em período integral, percorrendo grandes distâncias todos os dias, administrando duas casas e cuidando de "tudo". Comecei a perceber que estava infeliz e que "tudo" me deprimia. Eu realmente me assustava ao pensar que poderia morrer por causa daquela doença. Fui forçada, posta contra a parede, a encarar de frente a minha co-dependência. Desde essa época, sempre tentei ser *honesta* comigo mesma a respeito dos meus sentimentos e relacionamentos. Falei sobre minha raiva em programas de recuperação e em sessões de terapia, de modo que isso não é um segredo ou uma surpresa para mim. Procuro expressar minhas necessidades e meus desejos. Aprendi a ouvir o meu corpo. Aprendi tudo o que precisava saber com o melanoma. Anos mais tarde, tornei a aprender com o carcinoma basocelular. (Eu precisava de um lembrete.)

A co-dependência às vezes se parece com um câncer da mente e da alma. Conforme Steven Locke e Douglas Colligan explicam no seu livro *The Healer Within*, os médicos estudaram os padrões de comportamento dos pacientes de melanoma e descobriram que muitos deles são excessivamente bons, extremamente condescendentes e em geral passivos.[14]

A psicóloga Lydia Temoshok descobriu que esses pacientes em geral não expressavam sua raiva, seus medos ou suas tristezas, e chamou esse tipo de personalidade de Tipo C. Sua pesquisa sugere que o modo como esses pacientes lidam com alguns de seus sentimentos – não os expressando – poderia influir no fato de a doença se espalhar ou se enfraquecer. Muitos dos pacientes que sofreram recaídas exibiam essa personalidade Tipo C. A pesquisa de Borysenko demonstrou como o *stress* causado pelas emoções reprimidas pode levar a uma produção menor de interferon, uma substância anticancerígena produzida pelas células T citotóxicas.[15] Minha experiência pessoal com certeza confirma essas descobertas.

Embora nem toda doença esteja relacionada à co-dependência, acredito firmemente que algumas estão. Não diagnosticamos sintomas como "doença relacionada com a co-dependência", porque essa não é uma área que tenha sido muito estudada ou reconhecida. Tenho acompanhado algumas pessoas em programas de recuperação de doenças, e, assim que elas começam a falar sobre seus vícios, discutindo seus problemas e assumindo responsabilidades em vez de *culpar os outros* por tudo, seus sintomas desaparecem e elas melhoram. Trata-se de um programa de auto-ajuda, algo que nem sempre se consegue numa visita a um consultório médico convencional. Na verdade, a ligação entre doença e co-dependência raramente ou nunca é tratada numa consulta convencional.

Como mulheres, temos sorte por poder cuidar de nossos entes queridos e por ter estrogênio e progesterona para nos dar nosso estilo feminino. Mas acredito que também precisamos nos preocupar conosco, com nossas necessidades e com o que nosso corpo tenta nos dizer. Enganamos a nós mesmas quando nos convencemos de que a voz interior e a intuição não têm importância. Muitas mulheres desprezam sua própria experiência, sua intuição e seus sentimentos *como se eles não existissem.* Quando pergunto às minhas pacientes: "O que você acha que está acontecendo? O que seu corpo lhe diz?", elas sempre sabem e sempre se surpreendem por saber. É como se soubessem as respostas, mas precisassem de permissão para proferi-la em voz alta. As respostas não estão fora de nós. Quando paramos de pensar como co-dependentes, recuperamos aquela voz interior e ouvimos o nosso corpo.

Silêncio... ouça a si mesma.

5

Seios: uma visão geral

Rita apareceu no meu consultório com um nódulo no seio que surgira havia mais de um ano. Sugeri que um cirurgião a examinasse, mas ela não queria. O nódulo era redondo e simétrico, mas não apareceu na mamografia. Um ano mais tarde, ela voltou a me procurar, e dessa vez o nódulo mostrava-se irregular. Eu sabia que era um tumor maligno. Ela não parecia preocupada com isso, porém seu marido insistira para que ela fosse me procurar. Ela continuava dizendo que não havia "nada de errado". Finalmente, ela concordou em fazer uma mamografia, mas ainda não queria consultar um cirurgião. Dessa vez, a mamografia mostrou uma mancha irregular que tinha todo o perfil de um tumor maligno. Enfim, eu consegui convencê-la a consultar um cirurgião, e no dia seguinte ela removeu o tumor, que, de fato, era maligno.

Será que Rita estava ouvindo sua intuição quando me disse que não havia "nada de errado" ou sua postura era aquela que costumamos chamar de "negação fatal"?

Emoções Fortes: Atitudes e Medos

Nenhuma mulher quer ouvir que há "algo errado" com seus seios, e isso acontece até mesmo quando a mulher morre por não ter dado atenção ao fato. As cargas culturais que envolvem os seios (e a possibilidade de perdê-los) contaminam sua maneira de pensar. Historicamente, os seios fartos predominam nas imagens primitivas da fertilidade. Isso não mudou nos últimos dez mil anos; a diferença é que agora chamamos de "sensualidade" o que antes era "fertilidade". Nos tempos antigos, os seios simbolizavam as características naturais de abundância e alimento, mas em nossa cultura a metáfora alimentar tornou-se confusa. As mulheres agora devem se preocupar sem cessar, dando e cuidando, interminável e desinteressadamente.

O câncer de mama pode afetar muitos tipos de mulheres. No entanto, a ginecologista Christiane Northrup, em seu livro *Women's Bodies, Women's Wisdom*, postula uma vez mais que a raiva reprimida das mulheres sobre questões da vida é capaz de levar à doença das mamas.[1] A dra. Northrup observou que muitas mulheres com câncer de mama são sacrificadas, sexualmente inibidas e incapazes de aceitar ajuda. Elas escondem sua raiva e hostilidade por trás de um verniz agradável que mascara a verdade. Alguns estudos sugerem também que determinadas pacientes com câncer têm personalidade do Tipo C, para quem tudo está "bem", mesmo quando não está.[2] Na verdade, suas células são programadas para deixar os problemas do lado de fora e tentar passivamente suavizar tudo. Elas não se atrevem a criar problemas, não expressam sua raiva e a pressão da contenção acaba enfraquecendo a parede celular. Northrup sustenta que as pessoas devem olhar profundamente para dentro de si mesmas a fim de descobrir o que precisa ser curado, expresso ou mudado para que elas tenham uma boa saúde. Precisamos ouvir essas mensagens interiores.

Northrup teve muitas pacientes que tinham medo de tocar ou valorizar seus seios. Ela incentiva as mulheres a respeitarem seus seios e a tratá-los como se fossem especiais. Culturalmente, o tipo de seios é outro aspecto a ser considerado. As mulheres aprendem que, se não tiverem um determinado tipo de seio – volumoso e firme –, não são femininas nem atraentes, e portanto há alguma coisa de errado com elas. A maioria das mulheres não têm seios de formato perfeito, simétricos ou empinados. No entanto, as imagens implantadas pela mídia fazem dos seios perfeitos o equivalente a sexualidade e romance. Precisamos aprender a amar e aceitar nosso corpo do jeito que ele é, apesar de nossa sociedade apregoar a idéia dos "seios perfeitos".

A escritora Louise Hay acha que os seios representam a maternidade e o alimento, e que problemas físicos, tais como cistos, nódulos e lesões, podem ocorrer em mulheres que são supermães, superprotetoras e autoritárias.[3] Ela vê uma necessidade de equilíbrio na vida das mulheres, de modo que tanto elas mesmas quanto as pessoas com quem se preocupam consigam ser livres para viver a própria vida (livres de antigos cordões umbilicais). Um excelente livro sobre o assunto, *Dr. Susan Love's Breast Book*, discorre sobre como os seios sempre estiveram associados à criação e à sobrevivência.[4] Criar os filhos, dedicar-se, amar e ser mãe são atividades intimamente ligadas à auto-imagem feminina, aos sentimentos sobre a feminilidade, aos problemas da maternidade, à sensação de ser incompreendida, mal interpretada ou desrespeitada. Se uma mulher é capaz de dar mas não de receber, provavelmente ocorrerá um desequilíbrio que levará ao esgotamento do seu ego; os seios são indicadores de desequilíbrio em nossos relacionamentos.

Agora, quando falo sobre as teorias de Hay, Northrup e Love, meus amigos médicos sempre me perguntam: "Mas onde estão as evidências científicas?"

Como resposta, eu lhes conto as muitas conversas que tenho tido com pacientes ao longo dos últimos trinta anos. Geralmente, as mulheres que me procuram com sintomas (secreção do mamilo, nódulo ou dor) também estão passando por momentos de *stress* em seus relacionamentos. Seus relatos parecem corroborar as teorias de Hay ou de Love: elas se sentem pressionadas a se preocupar com o mundo todo, ou a mãe foi morar com elas, ou estão terminando um longo relacionamento. Será coincidência que esses acontecimentos e os sintomas nos seios ocorram simultaneamente? Se estamos todas ligadas pelo mesmo campo de energia (conforme sugerem as pesquisas dos drs. Larry Dossey e Deepak Chopra), então acho difícil negar a ligação entre os relacionamentos em que estamos envolvidas e o simbolismo dos seios.[5]

As mulheres se sentem aliviadas e reconfortadas quando explico que pode haver essa ligação. Elas me dizem que isso as ajuda a explicar e a entender o que está acontecendo. Recentemente, uma paciente me telefonou porque percebera um nódulo no seio, e tanto ela quanto eu sentimos que talvez ele fosse um tumor maligno. A mamografia feita em seguida sugeriu tratar-se de um cisto não-maligno, mas eu não acreditei que fosse um cisto, de modo que aconselhei-a a procurar um cirurgião para fazer uma biópsia no dia seguinte. A biópsia provou que de fato o tumor era maligno, e, quando conversei com ela, expliquei-lhe algumas das teorias sobre possíveis ligações entre tumores nos seios e relacionamentos. Ela disse que não estava surpresa, considerando tudo por que vinha passando nos últimos anos: não tivera nenhum relacionamento amoroso, fora rebaixada de cargo no trabalho e pegara uma infecção por causa da doença de Lyme – uma doença infecciosa que ela contraíra por picada de carrapato de cervo. Ela decididamente sentia que estava ocorrendo uma conexão mente-corpo.

No início da década de 1970, quando eu trabalhava com um especialista em tumores, dr. Irving Ariel, um cirurgião-oncologista da Pack Medical Foundation, de Nova York, conheci um grande número de pacientes com câncer de mama que foram tardiamente diagnosticadas. No momento em que nos procuravam, elas precisavam de um tratamento radical. Então, comecei a encarar o câncer de um modo diferente – eu não queria mais simplesmente apagar incêndios. Comecei a acreditar seriamente que era preciso agir no *começo* da doença, não no *fim*. Perguntei-me por que algumas pessoas desenvolvem a doença e outras não. Por que algumas mulheres desenvolvem câncer de mama a certa altura da vida? Pesquisei em livros sobre nutrição, psicologia e sobre a conexão mente-corpo, bem como conversei muitas e muitas vezes com pacientes. Comecei a considerar o tratamento holístico como o mais importante para a saúde física. A mente e o corpo não podem ser separados, e, no que diz respeito aos seios, o medo parecia ter um papel decisivo na história.

Minha experiência me ensinou que as mulheres não fazem o auto-exame das mamas porque têm medo do que poderão descobrir, porque pensam que não sabem como manipulá-los ou porque não sabem exatamente o que devem procurar. No meu consultório, tenho um modelo de silicone de um seio com nódulos no seu interior e costumo pedir às mulheres que o examinem para saberem qual é a sensação de tocar o nódulo. Elas se surpreendem ao descobrir que o que sentem em suas mamas é tecido normal, porque os nódulos do modelo têm uma aparência completamente diferente: eles têm circunferência e limites (regulares ou irregulares) que os tornam palpáveis.

Também acredito que a maioria das mulheres se sentem mais familiarizadas com os próprios seios do que os profissionais como eu – pois fazemos uma observação pessoal baseada na pesquisa. Numa conferência sobre câncer de mama da qual participei, fiquei sabendo a respeito de um estudo sobre nódulos mamários feito pela Universidade da Carolina do Norte no qual apenas 40 por cento dos médicos envolvidos foram capazes de localizar tumores na mama, e os ginecologistas como um todo encontraram ainda menos nódulos.[6] Alguns especialistas em ginecologia não estão muito bem informados e atualizados sobre o câncer de mama, porque na maioria das vezes sua preocupação está voltada para o útero, os ovários e a vagina. Segundo minha experiência, entre médicos e terapeutas, os cirurgiões são os que têm menos habilidade para localizar tumores no seio. No entanto, as pessoas mais capazes de encontrar tumores no seio são as próprias mulheres, porque elas estão de tal modo familiarizadas com o próprio corpo que praticamente "sabem" quando algo não vai bem. Os pesquisadores do estudo que acabei de mencionar descobriram que 85 por cento das mulheres que apresentaram câncer de mama sabiam disso antes de serem diagnosticadas, e em alguns casos sabiam mas não conseguiam convencer os médicos a esse respeito.

Durante o meu estágio com o dr. Ariel, ele conduziu um estudo de acompanhamento de vinte anos em mulheres que tinham passado por mastectomia radical. Na ocasião, a mastectomia era o único tipo de cirurgia realizado. As observações dele sugeriram que os índices de cura acima de vinte anos estavam relacionados à detecção antecipada, não ao tipo de tratamento. Evidentemente, embora as mulheres possam ter medo de encontrar "algo errado" durante o auto-exame, ele pode salvar suas vidas.[7]

Grande parte do meu trabalho é fazer com que as pessoas confiem no conhecimento que têm do próprio corpo. Alguns estudos sobre o uso de mamografias indicam que é mais freqüente as mulheres descobrirem seu câncer de mama por si mesmas, ou por suspeitarem que algo está errado, do que recorrendo a mamografias. Uma teoria sustenta que são necessários seis anos para que se consiga realmente apalpar um tumor, mas a mamografia pode detectá-lo antes disso.[8] Algumas pesquisas indicam que cerca de 15 a 20 por cento das mamografias são imprecisas, ou que não revelam tumores no seio em mulheres com menos de cinqüenta anos, por causa da densidade do tecido nas mulheres mais jovens.[9] Embora as mamografias provoquem opiniões contraditórias, elas têm um grande valor, pois podem detectar um tumor anos antes de um exame, o que tem salvo a vida de muitas mulheres. Só precisamos entender que elas não são 100 por cento exatas. As mulheres geralmente encontram os próprios tumores, e podem ser curadas se procurarem logo o tratamento.

Durante a mamografia, uma mulher é exposta a uma radiação equivalente a 5 rads, o que corresponde a uma quantidade treze vezes menor de rads do que aquela a que somos expostos quando voamos de avião. Foram desenvolvidos novos métodos de localização de tumores do seio, fazendo-se alguns raios X pelas costas, o que envolve muito menos rads do que uma mamografia. As mamografias não provocam câncer (por meio de sua radiação) e, se detectarem um tumor microscópico, este poderá ser tratado diretamente como resultado dessa detecção primária. Conheci muitas mulheres cujo câncer foi curado porque elas conseguiram detectar o nódulo, através da mamografia, tão no início que ele era uma microcalcificação, um ponto de cálcio que se parece com um minúsculo grão de poeira na mamografia. As microcalcificações são às vezes, mas não necessariamente, uma indicação de câncer. No entanto, quando aparecem em conjunto, o cirurgião deverá fazer uma biópsia para determinar se elas são benignas ou cancerosas. As microcalcificações não são sentidas ou vistas, a não ser pela mamografia.[10]

As impressões sobre o auto-exame e a mamografia variam muito de pessoa para pessoa, e existem inúmeras maneiras de abordar esses assuntos.[11] Os fatos são os seguintes: o auto-exame regular é um importante modo de detectar o câncer de mama prematuramente, mas a mamografia é o mais importante, porque nos oferece a maior oportunidade de cura.

Os Fatos Corretos

Eu descobri que as mulheres têm plena consciência do próprio corpo e, mesmo que não examinem os seios, sabem intuitivamente quando algo está errado. Elas costumam me dizer: "Acho que há alguma coisa aqui," ou: "Sonhei que havia alguma coisa no meu seio." Encarar os fatos sempre atenua o medo. Tenho uma paciente cuja mãe morreu de câncer de mama e, toda vez que ela sente alguma coisa estranha no seio, fica histérica de medo. Então me telefona e não consegue parar de chorar. E só consegue se acalmar depois de saber de tudo o que está acontecendo com ela. Eu a encaminhei a um cirurgião que, depois de um exame cuidadoso e uma mamografia, lhe assegurou que ela não estava morrendo e nem mesmo estava doente. Forneci a ela informações e livros sobre o uso de "marcadores" para mulheres com histórico de câncer de mama na família, de modo que ela pudesse decidir se queria passar ou não por esse tipo de avaliação. Estudos têm demonstrado que esses "marcadores" nos seios levantam informações sobre a probabilidade de malignidade. Trata-se de testes importantes para mulheres cuja mãe ou tias tiveram câncer de mama.[12]

Os seios são compostos de gordura, tecidos do seio, artérias, veias, nervos, dutos, *lóbulos* (um tipo de lobo), tecido conectivo, glândulas e músculo. Quando cistos múltiplos ocorrem nos músculos e nos tecidos, o seio é chamado de *fibrocístico.* Esses cistos são minúsculos, numerosos e densamente distribuídos. Alguns médicos dizem às mulheres: "Ah, você tem seios císticos." Isso não é motivo de alarme (embora eu ache que o médico devia ter mais jeito para lidar com suas pacientes). É bem provável que a grande maioria das mulheres tenha seios císticos, embora as que têm o tecido completamente normal às vezes também ouçam dizer que têm seios císticos. É comum as mulheres ouvirem dizer que têm seios encaroçados, o que muito as assusta. No entanto, esse "encaroçamento" que elas sentem pode, na verdade, se tratar de tecido do seio normal composto de todas as partes descritas acima.[13] É importante que as mulheres saibam disso para que não fiquem pensando que há algo de "errado" com seus seios. Muitas pacientes minhas me contam que têm medo de adquirir algum tipo de doença nos seios e ficam aliviadas ao saber que o tecido normal do seio às vezes parece "encaroçado".

As doenças e funções do seio são afetadas pela produção de estrogênio, que está ligado ao ciclo menstrual. Muitas mulheres desenvolvem depósitos fibrocísticos pouco antes de seus períodos menstruais, mas eles desaparecem assim que o período começa. Quando você examinar seus seios, observe em que momento se encontra em relação ao seu ciclo menstrual, se é que ainda os tem. Se sentir caroços antes do período, torne a examiná-los depois que ele terminar. Tenho a impressão de que as mulheres ainda produzem estrogênio mesmo quando estão na menopausa. Elas podem produzir quantidades variadas, dependendo de como estão funcionando suas glândulas supra-renais, mas sempre produzem hormônios. A quantidade depende da saúde de suas glândulas supra-renais, do tipo de alimentação que você tem, de como encara a vida e de como está enfrentando o *stress*. Você ainda pode ter caroços fibrocísticos no seio, dependendo da produção hormonal, mesmo que esteja na menopausa.

Outro tipo de nódulo no seio é o *fibroadenoma*, um tipo de tumor benigno, sem maiores riscos. Esse tipo de tumor é simétrico, redondo e firme, não-aderente à parede do seio. Você pode movê-lo de lugar. No entanto, por ser duro e redondo, é difícil dizer se é ou não maligno. Às vezes, a mamografia indica alguns sinais de malignidade, mas nunca se pode ter certeza. A maioria dos cirurgiões irá recomendar uma biópsia. Em todos os casos, temos de considerar uma associação de terapias holística e tradicional. Você deve reunir o máximo de informações possível e tomar suas decisões com base em seu processo intuitivo, sua sabedoria interior. É isso o que nós, mulheres, precisamos aprender a fazer.

Outro tipo de nódulo mamário é a *ecstasia ductal*, que é uma condição pré-câncer. Ele geralmente ocorre próximo ao mamilo e deve ser removido cirurgicamente para que não se torne maligno. Muitos nódulos mamários ocorrem embaixo do mamilo, e a maioria das mulheres não examina essa região. O outro lugar em que costumam ocorrer é na região que vai do tecido do seio até a axila. É necessário que você examine embaixo do braço, do mesmo modo como faz com o seio e o mamilo.

A inversão do mamilo é sempre um sintoma de câncer (desde que a mulher não se inclua no grupo minoritário de pessoas que nascem com os mamilos invertidos). Se um mamilo que nunca foi invertido de repente se mostra desse modo, tudo indica que um tumor o tornou assim.

Geralmente, a inflamação é um sintoma de abscessos nos seios. Nesses casos, o mamilo, ou alguma outra área, fica muito avermelhado. A vermelhidão também pode aparecer durante a gravidez ou a amamentação. É possível ocorrer secreção no mamilo ou na região inflamada. A vermelhidão também pode estar associada ao câncer, de modo que é importante fazer um diagnóstico diferenciado. Existem diversos tipos de câncer, mas a maioria deles é precedida por um nódulo que não se move, é irregular ou não macio. Geralmente, os tumores malignos não são macios, a não ser no caso de inflamação nos últimos estágios do câncer de mama. Um exame de qualquer secreção costuma ajudar no diagnóstico.

Por exemplo, você pode encontrar linfonodos expandidos sob a axila. Há linfonodos que acompanham as glândulas mamárias internas, os quais se encontram entre os dois seios e também no pescoço, e podem ficar inchados. Os linfonodos são sistemas de filtragem cujo papel é eliminar impurezas. Porém, se você apresentar linfonodos inchados no pescoço ou na axila, isso não significa que você tenha câncer de mama. Cada caso é um caso e requer uma análise de todos os fatos. Deve-se recorrer a um exame profissional sempre que houver alguma dúvida.

Nos últimos vinte anos, os médicos descobriram que as cirurgias para remoção de nódulos são tão válidas como as mastectomias, dependendo do tamanho e da localização do tumor. Estudos revelam que a detecção precoce e a remoção adequada (por cirurgia) do câncer, acompanhada de mudanças na alimentação e hábitos de vida, podem ter resultado favorável.[14] Se você perceber um nódulo mamário, consulte um cirurgião de sua confiança, com quem você tenha um bom relacionamento médico-paciente e que saiba ouvi-la. Precisamos defender nossa causa no que se refere à cirurgia para remoção do tumor em face da mastectomia. O relacionamento médico-paciente deve ser como um bom casamento. Se não for, eu sempre recomendo às minhas pacientes que procurem outro profissional com quem se sintam bem. Talvez você precise de várias opiniões antes de encarar a verdade, *a sua verdade.*

Abordagens Holísticas

Os resultados dos últimos vinte anos de pesquisas sobre os tratamentos holísticos foram peremptórios: você *pode* mudar a sua vida. Há muito a ser dito sobre o que fazemos com a nossa vida e com o nosso corpo, o que é ainda mais verdadeiro no que diz respeito a partes do corpo tão sensíveis a emoções como os seios.

Será que herdamos as doenças geneticamente ou herdamos os *padrões* de nossos pais? Se conseguirmos controlar ao menos um fragmento de mudança nesses padrões – padrões de pensamento, padrões de alimentação, padrões de estilo de vida –, então seremos capazes de mudar o resultado da doença por meio da prevenção. Segundo os princípios da medicina tradicional chinesa, exibimos determinados padrões energéticos antes de nascer.[15] Começamos imitando os hábitos e a alimentação de nossos pais no útero porque não temos escolha – temos de comer o que nossa mãe come. As pessoas que rompem a parede de concreto do hábito começam por examinar o comportamento herdado. Então decidem como vão preferir viver e comer e cuidar de si mesmas, em vez de adotar obedientemente a rotina de nossos antepassados. Você pode introduzir novidades na fortaleza do costume, mas é preciso um esforço consciente (sobretudo quando a sua tia Maria lhe cobra, chateada, numa reunião de família: "Você não vai experimentar o meu bolo de chocolate? Fiz especialmente para você!"). De acordo com minha experiência, a comida nem sempre é usada com propósitos nutricionais, mas para reprimir sentimentos, algo que muitos de nós aprendemos em nossa família de origem. Uma reação mais saudável seria conversar a respeito do que você está sentindo, não pôr algo na boca para se reprimir. Considere, por exemplo, como você pode mudar seu estilo de vida ao ser honesta consigo mesma.

A psiconeuroimunologia sugere que as pessoas que assumem seus sentimentos, em vez de reprimi-los, podem ter uma reação imunológica elevada. Se você alega sentir-se "bem" quando, na verdade, está a ponto de explodir, está enviando mensagens contraditórias às suas células. Como resultado, *alguma coisa vai dar errado em algum lugar entre a mente e as células.* Em toda célula há um receptor que transmite tanto as informações sobre as emoções que você está sentindo mas não expressando quanto as emoções que você está sentindo e expressando francamente.

Ainda de acordo com a medicina chinesa, o câncer é considerado como resultante de questões não-resolvidas, não importa se forem física ou emocionalmente dolorosas demais para enfrentar.[16] O desequilíbrio entre dar e receber às vezes leva a manifestações físicas tais como cistos e tumores nos seios. Não podemos simplesmente dar aos outros, ou simplesmente receber dos outros – deve haver um equilíbrio entre as duas trocas.[17] A meu ver, o corpo tem uma escala de equilíbrio, e se você apresenta um sintoma, isso significa que há algo em desequilíbrio na sua vida ou no seu ambiente. Só você pode descobrir do que se trata.

Nosso organismo nos avisa sobre os desequilíbrios. Quando sentimos raiva, por exemplo, precisamos falar sobre essa raiva e expressá-la de maneira adequada. Isso não significa dar um chute no gato ou agredir o marido. Harriet Goldhor Lerner, autora de *Dance of Anger*, descreve como, por trás da raiva, existe medo, tristeza ou outros problemas.[18] Precisamos desenterrar as causas da nossa raiva. Quando ela se transforma num câncer de mama, é evidente que existem algumas coisas que podemos controlar e outras que não podemos. As pessoas procuram as maiores autoridades médicas esperando encontrar respostas, mas isso não é tão simples. Há algumas coisas que os profissionais não podem descobrir em nosso lugar, pois temos de descobrir por conta própria.

Prevenção

O costume induz as mulheres a procurar doenças. O impulso para fazer a mamografia baseia-se no desejo de *encontrar* a doença, e não de se proteger contra ela. Poucos médicos comentam sobre a alimentação, o cuidado com os seios ou o carinho por eles. Em geral, costumamos nos preocupar com a doença e em encontrá-la, em vez de procurar descobrir como poderíamos nos precaver, evitando adoecer.

Por não assumirmos a responsabilidade por nossa saúde, presumimos que somos vítimas de nosso mal-estar. No caso do câncer, sentimos que não há nada que possamos fazer a respeito, a não ser talvez descobri-lo o mais cedo possível. Isso é errado. Há muita coisa que podemos fazer. A prevenção do câncer é uma atividade diária. Depende da maneira como você leva sua vida.

Alguns estudos recentes sugerem que a alimentação rica em gorduras pode contribuir para o câncer de mama, embora não seja necessariamente sua causa, enquanto outros estudos indicam ainda que 27 por cento dos casos de câncer de mama são atribuídos à alimentação gordurosa.[19] Muitas teorias sustentam que as mulheres que ingerem mais gorduras produzem mais estrogênios, e o funcionamento normal dos seios é afetado negativamente pela presença de estrogênio em excesso. Além disso, talvez estejamos ingerindo estrogênios em níveis elevados, pois algumas carnes, queijos e leites de nossa alimentação provêm de animais alimentados com hormônios. A ingestão de uma quantidade insuficiente de fibras pode acarretar a retenção desses hormônios, assim como de outras toxinas, que se desenvolvem no intestino, fazendo baixar a reação imunológica. A radiação também tem sido relacionada com o câncer de mama, e estudos têm indicado que as mulheres que moram perto de lugares de emissão radiativa apresentam uma incidência caracteristicamente alta de câncer de mama.[20]

O que devemos fazer, então? Podemos minimizar nossos riscos de câncer de mama reduzindo a ingestão de gorduras, comendo mais fibras para eliminar toxinas e sendo mais atuantes no sentido de reduzir as emissões radiativas. Com certeza, não existe um método infalível de prevenção do câncer de mama, mas acredito que, quanto mais procurarmos uma existência saudável, mais estaremos reduzindo nossos riscos.

Alimentação, estilo de vida, *stress*, traumas – todos esses aspectos engrossam a lista de fatores que predispõem à doença. O álcool é um fator de predisposição ligado ao câncer de mama.[21] Ele reprime a reação imunológica e também as emoções; portanto, as mulheres que bebem não expressam sinceramente o que sentem. O álcool nos faz exprimir toda sorte de sentimentos, mas será que são adequados e verdadeiros? Se as células estão embebidas de álcool e atordoadas por ele, não podem cuidar dos invasores, e o sistema imunológico se reprime. Os cigarros também reprimem a reação imunológica.[22] A nicotina é um dos maiores vícios, geralmente comparada à heroína. Evitar o álcool e a nicotina é uma maneira de reduzir o risco de câncer de mama.

O açúcar também pode reprimir o sistema imunológico, o que deixa o corpo mais suscetível a todas as doenças, incluindo o câncer de mama.[23] Para reduzir a necessidade de açúcar e parar de ingeri-lo, precisamos seguir alguns passos. Os fitoterapeutas sugerem diversas ervas que reduzem a necessidade de açúcar e equilibram o nível de açúcar no sangue. O cromo, disponível na forma de cápsulas, açúcares homeopáticos e a vitamina B geralmente são recomendados para quando se quer retirar o açúcar da alimentação.[24] Quanto mais complexos os carboidratos que você ingere, menos você necessita de açúcar. *A carência de açúcar indica um desequilíbrio na alimentação.*

Os bioflavonóides, encontrados em vegetais verdes e de cor laranja, assim como em feijões, podem aumentar a produção de enzimas protetoras nos tecidos e também reduzir a atividade excessiva do estrogênio.[25]

Os bioflavonóides são encontrados em frutas cítricas, uvas, ameixas, groselha, damasco, trigo-sarraceno ou fagópiro, cerejas e amoras.[26] Os carotenos e os bioflavonóides estão intimamente relacionados. Os vegetais são a fonte primária de bons ingredientes na alimentação. Os vegetais crucíferos – fibrosos, como a couve, o repolho, o brócolis ou outros da mesma família do repolho – mudam a maneira como o estrogênio é sintetizado. Eles também atuam como fibras, novamente contribuindo para a eliminação de elementos nocivos do intestino. O selênio, também encontrado em vegetais, é um antioxidante que destrói toxinas indesejáveis. Os antioxidantes são imprescindíveis ao sistema imunológico. Os alimentos com elevado teor de fitoestrogênios, por exemplo, os alimentos feitos de soja (tofu, missô, tempé) também podem ajudar a prevenir o câncer de mama.[27] Talvez seja essa uma das razões por que as mulheres japonesas têm uma baixa incidência de câncer de mama, uma vez que ingerem quantidades mínimas de gordura animal e muitos produtos de soja.[28] Óleos de ácido linoléico (prímula, borragem ou groselha) podem reduzir a incidência de tumores e, possivelmente, até mesmo do câncer de mama.[29]

Não se deve esperar até receber o diagnóstico do câncer de mama para decidir o que fazer. Na nossa cultura, quando estamos enfrentando um problema muito sério, precisamos ser um tipo de pessoa muito especial e diferenciada para sermos capazes de adotar a medicina holística. Nesse momento, também devemos procurar profissionais de saúde que estejam dispostos a nos prestar assistência. Por isso, eu costumo pedir às minhas pacientes que comecem a eliminar as toxinas consumindo ervas, tendo uma boa alimentação, tomando vitaminas e reduzindo o *stress agora*, não quando for tarde demais.

Atualmente, uma entre dez mulheres têm câncer de mama.[30] É uma proporção assustadoramente elevada, mas que pode ser baixada e evitada se mantivermos o melhor nível de vida possível, se formos sinceras com nós mesmas e se ficarmos atentas ao que o nosso corpo nos diz.

6

Sexualidade: os fatos verdadeiros

Sarah havia passado dos 70 anos e sofria do coração. Sua filha, Josie, já a levara a diversos cardiologistas, o que lhes custara uma fortuna, mas Sarah continuava cada vez pior. Um dia, quando se esforçava corajosamente para ingerir o almoço a despeito de suas deficiências, Sarah conheceu Joseph na casa de repouso em que morava. Nem Sarah nem Joseph eram esguios, bonitos ou o que quer que você possa imaginar que os tornasse atraentes. No entanto, fizeram amizade e por fim sentiram-se atraídos um pelo outro. Então, começaram a se relacionar sexualmente, e os sintomas cardíacos de Sarah desapareceram. Na verdade, ela passou a se sentir melhor de saúde do que quando tinha 50 anos.

Embora o coração de Sarah tivesse melhorado e os sintomas começassem a desaparecer, Josie quase morreu de vergonha quando foi informada da situação. Além de envergonhada, ficou desgostosa com a mãe, ainda que obviamente o sexo tivesse ajudado a salvar-lhe a vida.

O Tabu de Comentar o Assunto

Assim como Josie, a maioria das pessoas não aceita que seus pais tenham ou tivessem um relacionamento sexual, ainda que, evidentemente, se não fosse por isso elas não existiriam. *Sexo* é uma coisa de que ouvimos falar bastante, sobre a qual fazemos muita piada e que encanta a todos – além de ser muito explorado pelas empresas de *marketing*. Mas quando o assunto sexo vem à baila, pouquíssimas pessoas falam com franqueza sobre ele. De que maneira esse pacto social, aceito implicitamente, afeta nossa saúde? Sabemos que guardar segredos afeta a saúde espiritual e, mais cedo ou mais tarde, também afetará nossa saúde física. Infelizmente, os médicos (com exceção dos psicólogos) não têm o hábito de perguntar aos pacientes sobre sexo e raramente consideram o assunto como parte integrante da boa saúde. Quantos médicos já lhe perguntaram sobre sua vida sexual? Você ficaria pouco à vontade se o fizessem? Será que seus médicos também não ficariam constrangidos com isso? É raro os pacientes comentarem sobre a influência do sexo em sua saúde. É como se tentássemos fingir que não somos seres sexuais, ou simplesmente é muito embaraçoso comentar o assunto. De inúmeras maneiras, no entanto, a sexualidade está relacionada à saúde.

Quando proporcionamos um aconselhamento sexual às pessoas, *estamos lhes dando permissão*, proporcionando-lhes um aprendizado, fornecendo-lhes informações e também uma oportunidade segura e inofensiva para conversar sobre o assunto. A maioria das pessoas precisa de permissão para discutir assuntos tabus. Depois de conseguir as informações de que necessitam, elas mesmas cuidam de seus problemas. Metade do problema reside na falta de informações consistentes. Costumo recomendar às minhas pacientes a leitura de determinados livros e depois conversamos a respeito do que está acontecendo na vida delas. Elas precisam ter autorização e saber que suas vivências não são produto da imaginação. Tento transmitir-lhes segurança para que façam as perguntas que quiserem e não se sintam envergonhadas ou censuradas. Que lugar melhor pode haver para isso do que o consultório de uma terapeuta de problemas femininos?

Por exemplo, muitas mulheres são *anorgásmicas* (não chegam ao orgasmo), e ficam embaraçadas ao comentar o assunto, achando que são anormais. Elas parecem sentir-se seguras no meu consultório, pois evito fazer julgamentos, sendo realista e acolhedora, colocando-me em pé de igualdade com elas. Elas se sentem respeitadas quando descobrem que existem muitas outras mulheres com problemas semelhantes e que o problema particular delas não é algo incomum ou anormal e pode ser tratado facilmente com as informações e técnicas adequadas.

Como aprendemos sobre sexualidade? Escondido, de acordo com algumas tradições. Aprendemos com os amigos, com os irmãos mais velhos, com parentes, por meio de revistas ou filmes. Aprendemos subliminarmente com nossos pais, porque, se você viu seus pais se tocando, se abraçando, se beijando e se acariciando, enfim, deve ter percebido de algum modo que a sensibilidade sexual faz parte da vida.

Casais que não se comunicam sexualmente também não se comunicam em outros níveis.[1] Se você cresceu vendo seus pais se agredirem, verbal ou fisicamente, ou manifestarem pouca ou nenhuma expressividade sexual, então deve ter recebido uma formação pouco saudável sobre o assunto.

Os tabus a respeito de falar sobre sexo passam de geração para geração. Muitas mulheres que vêm ao meu consultório me pedem para atender suas filhas, conversar sobre sexualidade com elas e aconselhá-las a não terem relacionamentos sexuais. Elas esperam que "outra pessoa" – um médico, um terapeuta, um professor ou um treinador – fale sobre um assunto que elas se julgam incapazes de abordar. Infelizmente, os pais são fracos quando se trata de assumir suas responsabilidades adultas, no que diz respeito à perda da inocência dos próprios filhos e à necessidade de proteção durante as relações sexuais. Muitas vezes, as filhas adolescentes estão bem à vontade com a própria sexualidade, mas os pais acham que elas precisam de educação ou de um exame ginecológico. Alguns deles querem que as filhas se informem e se cuidem, e são sensíveis ao fato de que os jovens podem ficar mais à vontade ao falar com um profissional do que com os pais. Se uma garota decidiu ser sexualmente ativa, ela precisa de proteção, como pílulas anticoncepcionais, diafragma, camisinhas ou outros métodos contraceptivos. Ao contrário de algumas opiniões generalizadas, não tornamos nossos filhos sexualmente ativos pelo fato de mantê-los informados e protegidos. Quanto mais informações eles recebem, mais adequadas são suas escolhas. Embora pareçam pouco à vontade para falar a respeito, os pais sabem que os adolescentes bem-informados são mais capazes de tomar melhores decisões. Na verdade, são os adolescentes mal-informados que têm mais problemas. Em geral, os jovens que são sexualmente ativos e promíscuos na adolescência ou estão em busca de amor ou são suscetíveis à pressão dos colegas – dois assuntos sobre os quais os pais mais relutam em discutir.

Na maioria das vezes, tanto os pais quanto os filhos querem conversar sobre sexualidade, mas não sabem nem como nem quando começar o diálogo. Na adolescência, é comum ocorrerem também mudanças bruscas e violentas: num momento os adolescentes são adultos, no outro agem como crianças. Essa fase é um desafio até mesmo para os pais mais bem-ajustados. Os adolescentes podem ser adultos quanto à sexualidade ou agir como crianças. Eles também tendem a raciocinar pela negação, como quando pensam: "Isso nunca vai acontecer comigo." Outra razão pela qual os pais têm dificuldade de conversar com os filhos é que, no momento em que os filhos começam a lidar com a identidade sexual e as primeiras manifestações sexuais, eles têm 13, 14 ou 15 anos de idade. A essa altura, a maioria dos pais está saindo da casa dos 30 anos e entrando na dos 40. Ou seja, os pais estão passando pelas próprias crises da meia-idade, que também costumam englobar suas respectivas dúvidas sexuais (Quem sou eu?, O que eu quero da vida e o que consegui fazer?). Se os pais não tiverem resolvido suas próprias questões sexuais, com certeza vão se fechar quando depararem com as crises dos "fedelhos". Assim, a má vontade quanto a discutir a sexualidade vai passando de geração a geração, o que é uma pena, porque a honestidade nesse terreno é crucial para curar as doenças de fundo sexual desde a origem. Esse legado conduziu a uma situação em que, embora as pessoas estejam agora mais abertas sobre a sexualidade do que no passado, nuvens carregadas de timidez ainda poluem o ar. Falar traz à tona o nosso mal-estar (e o de nossos pais). Nossas primeiras lembranças e impressões sobre sexo marcam nosso comportamento atual. As pessoas que foram vítimas de abuso sexual geralmente apresentam problemas de relacionamento, e as mulheres que passaram por isso têm muita dificuldade de fazer exames ginecológicos. Algumas mulheres morrem de câncer no útero ou de mama porque preferem isso a permitir que um médico as toque. Por que sentimos um terrível constrangimento a respeito de sexo e saúde?

Sexo e Saúde

A atividade sexual pode estimular a produção de hormônios, as glândulas supra-renais e o ritmo cardíaco, o que reduz a reação ao *stress*.[2] A diminuição da reação ao *stress* aumenta a reação imunológica. Estudos têm demonstrado que as pessoas sexualmente ativas têm níveis baixos de dor quando ficam doentes e uma sensação de bem-estar geral por causa da estimulação hormonal.[3]

A sexualidade tem sido indicada como um tratamento importante para problemas psicológicos, desde que seja a sexualidade adequada.[4] Não estamos sugerindo aqui que se deva ter dez parceiros de uma vez ou forçar os outros a terem uma relação sexual. O sexo adequado estimula todo o sistema endócrino, de modo que ele funciona melhor, e com o sistema endócrino funcionando apropriadamente o sistema imunológico melhora. A saúde cardiovascular também melhora com o sexo.[5] Algumas pesquisas indicam que o sexo saudável pode aumentar a suavidade da pele, prevenir a depressão e atenuar alguns processos de envelhecimento.[6] As mulheres sexualmente ativas produzem mais estrogênio, de modo que seu ciclo menstrual é mais regular.[7] O orgasmo ativa as endorfinas, resultando algumas vezes em uma TPM menos severa, o que também pode aliviar a insônia e promover um relaxamento geral.[8] A esse respeito, a sexualidade às vezes atua como uma terapia para o sistema imunológico. Isso poderia explicar por que se escrevem muito mais sonetos, odes, sinfonias e canções sobre o amor e seus efeitos do que, digamos, sobre as outras atividades ou tarefas cotidianas.

Em seu artigo intitulado "Hierarquia das necessidades", o psicólogo Abraham Maslow argumenta que temos de satisfazer determinadas necessidades para viver.[9] A primeira delas é o ar para respirar; a segunda é a alimentação. A terceira é um lugar abrigado para nos protegermos dos elementos; e a quarta é a sexualidade. Precisamos satisfazer as três primeiras necessidades antes de satisfazer a quarta. Maslow afirma que, se você satisfizer essas necessidades básicas, poderá então passar ao próximo nível da hierarquia, que é a realização pessoal. A realização pessoal é o mais alto nível de satisfação das necessidades. Significa fazer o que realmente lhe traz felicidade, evoluindo para o ponto mais alto que você pode alcançar na vida e no mundo. As pessoas que se comprometem a superar a si mesmas geralmente são as mais realizadas.

Meu trabalho com as mulheres na menopausa comprova a teoria de Maslow. Porque as mulheres que procuram atingir metas e que têm atividades que consideram como uma importante contribuição à sua vida passam para a menopausa de maneira muito menos dolorosa. As adolescentes que têm objetivos também enfrentam menos problemas com relação à gravidez precoce, à sexualidade e às doenças sexualmente transmissíveis.

Segundo o sexólogo Michael Carrera, se as adolescentes tiverem metas estarão menos sujeitas à gravidez precoce ou a contrair doenças sexualmente transmissíveis.[10] O trabalho dele vem bem a propósito, considerando-se o elevado índice de Aids entre adolescentes. Carrera trabalha com famílias das regiões centrais das grandes cidades, procurando ajudar os pais a criar metas para si mesmos e para os filhos. Graças ao seu empenho, ele tem conseguido bolsas de estudos, ajudas de custo e empregos, tanto para adolescentes em situação de risco como para seus pais. O trabalho de Carrera revela que, quando os filhos vêem que os pais têm metas, voltando a estudar ou trabalhando numa área de que gostam, eles também adquirem esperança. Eles percebem que podem fazer algo na vida, o que também contribui para abaixar os índices de suicídio entre adolescentes. Quando os pais têm metas, os adolescentes criam altas aspirações para si mesmos e sentem-se melhor com relação ao futuro. As metas os motivam a cuidar melhor da própria sexualidade. Eles usam preservativos para evitar doenças e gravidez, porque têm uma razão para viver. Se você quer viver, é mais provável que tenha relações sexuais com menos parceiros, que evite o álcool e outras drogas. Em termos holísticos, se você curar o que pode provocar tristeza, depressão ou carência, não adotará comportamentos que diminuem a reação imunológica.

O modo como percebemos a saúde sexual pode afetar o que transpira para dentro do corpo. As sensações permeiam a sexualidade, e precisamos estar conscientes delas. A ansiedade é capaz de envolver todas as nossas células quando se trata de sexo. "Minha primeira mensagem sobre o sexo foi positiva ou negativa?" "Será que quero mudar de opinião?" "Eu quero mudar de opinião por causa dos meus filhos ou das pessoas importantes em minha vida?" Enquanto não nos livrarmos dos condicionamentos da infância, eles permanecerão atuantes. Será que nos vemos como seres sexuais, como seres sexuais saudáveis ou como um feixe de vergonhas? A causa dos nossos problemas atuais com a sexualidade num relacionamento pode estar em experiências antigas enraizadas em nossa memória. Joan Borysenko, autora de *Guilt Is the Teacher, Love Is the Lesson**, é uma psiconeuroimunologista que ensina as pessoas a curarem suas dores originais conversando a respeito delas, expondo-as, não as escondendo.[11] As pessoas que guardam as más lembranças ou traumas de infância podem também ter menos células T citotóxicas, ao passo que aquelas que se livram do sofrimento podem ampliar o número de células T citotóxicas em seu organismo. Talvez isso explique por que os médicos e terapeutas observam que uma grande quantidade de pessoas que foram vítimas de abuso sexual contraem doenças.

Envelhecimento e Sexo

Vamos desmascarar um mito antigo e sem cabimento que diz que não está certo ter atividade sexual na velhice. Existe uma crença arraigada de que, depois de certa idade, não temos

* *Um Guia para Curar o Coração e a Alma*, publicado pela Editora Cultrix, São Paulo, 1996.

mais interesse por sexo, ou de que não deveríamos ter, ou de que não deveríamos comentar a respeito se tivermos. As pessoas mais idosas geralmente têm necessidade ou desejo de sexo, mas ficam com vergonha de confessar isso porque acreditaram nessa história. Por que os casais idosos, pessoas que viveram juntas durante a vida inteira, são postas em quartos separados nas clínicas de repouso ou congêneres? Talvez a sexualidade deles tenha se resumido a receber carinhos ou apreciar a proximidade, e ainda assim até isso lhes é negado. Que mal não deve causar à mente e à saúde deles o fato de serem privados de um contato tão importante! Acho que isso até pode apressar sua morte, ou no mínimo fazer com que eles se anulem emocionalmente.

Em termos de saúde, nunca deveríamos nos esquecer de que a sexualidade é parte do nosso ser. Também parece injusto que os outros decidam arbitrariamente que os idosos, por exemplo, não têm mais interesse pelo sexo. A resposta sexual e o orgasmo tornam-se mais lentos com a idade, mas não se extinguem completamente. Se os parceiros tiverem paciência, e se receberem do médico ou do terapeuta as informações corretas sobre o seu ritmo, poderão decidir se vão continuar interessados em sexo ou não. O que costuma acontecer, no caso de pacientes idosos, é que eles param de comentar a respeito disso, ou mesmo de fazer sexo, porque ficam com vergonha ou não se sentem à vontade, achando que não devem fazer isso ou que não podem; mas na maioria dos casos eles podem e, se quiserem, devem manter a atividade sexual. Como terapeutas, nós, profissionais, precisamos manter a mente aberta sobre o assunto, esclarecendo os nossos pontos de vista quanto à sexualidade, de modo que as pessoas não se sintam envergonhadas de nos procurar para conversar a respeito. A sexualidade é importante para a saúde e para a cura. "Sexualidade" não significa apenas ter uma relação sexual vigorosa, embora seja perfeitamente possível manter relações sexuais na velhice. Sexualidade é o modo como as pessoas se vêem, como andam e falam, como se relacionam com os outros. A sexualidade pode se expressar no ato de dar as mãos, no caso de pessoas idosas e fisicamente fracas demais para manterem uma relação.

Doenças Sexualmente Transmissíveis

Evitar as *doenças sexualmente transmissíveis* (DST) é essencial para se manter uma vida sexual saudável, o que representa assumir a responsabilidade de amar e cuidar de si mesmo. Isso implica ser razoável e adulto na maneira de considerar e tratar o sexo. Implica respeitar a si mesmo o suficiente para querer evitar as DST ou doenças venéreas. *Venérea* significa "transmitida pela relação sexual", e ser razoável quer dizer se proteger, o que geralmente se traduz por usar camisinha. Isso deve acontecer sempre, a menos que estejamos num relacionamento monogâmico de longa duração, no qual ambos os parceiros sabem, por meio de exames, que nenhum dos dois tem alguma DST. Monogâmico é um termo que se aplica a relacionamentos em que nem nós nem nosso parceiro temos relações sexuais com mais ninguém, e isso quer dizer *absolutamente ninguém.* Precisamos ter certeza de que podemos confiar no parceiro e de que a nossa paixão cega não está nos impedindo de encarar a verdade sobre a possibilidade de nosso companheiro não ser monogâmico. Nesta época de Aids, engolir a isca da meia verdade com anzol, chumbada, com linha e tudo o mais pode ser fatal. A abordagem holística implica assumir responsabilidade pela nossa própria vida, às vezes a despeito do encanto sedutor de promessas feitas à luz de velas.

Se você apresentar sintomas de DST, procure seu médico imediatamente; isso poderá salvar-lhe a vida.

A *clamidíase* é reconhecida atualmente como a principal DST, mais comum que a gonorréia. A clamidíase causa dor ao urinar, uma secreção amarelada e às vezes esverdeada, coceira, dor pélvica e/ou dor durante as relações sexuais ou por ocasião do exame pélvico. Geralmente, essa infecção não é dolorosa, apesar de provocar uma inflamação secundária dos órgãos pélvicos. No homem, os sintomas costumam se manifestar antes dos da parceira, e as mulheres às vezes se sentem bem até que a infecção chegue ao útero. Uma grande porcentagem de mulheres tem a doença mas não apresenta os sintomas, e portanto não sabem que estão doentes. Embora a mulher possa não saber da presença da doença, o homem geralmente manifesta os sintomas de secreção e ardência ao urinar. A clamidíase causa inflamação da pelve ou, se persistir por um longo período e não for detectada a tempo, pode provocar esterilidade ou infecção nos olhos do recém-nascido durante o parto normal.

Se o parceiro não se tratar, é possível que a clamidíase vá e volte sem que a parceira perceba (desde que ela não apresente os sintomas). A franqueza, o diálogo aberto e a honestidade com o parceiro sobre possíveis sintomas são da maior importância para a detecção precoce da doença. É comum a prescrição de antibióticos no tratamento, sendo necessário que ambos os parceiros estejam curados antes de reiniciar as relações sexuais. Os genéricos Azitromicina, em dose única substancial, ou Norfloxacino ou Doxiciclina,* duas vezes ao dia durante sete dias, são as recomendações usuais.

A *gonorréia*, outra DST comum, pode infectar o útero, as trompas de Falópio e os ovários. Nos estágios iniciais, a doença às vezes passa despercebida. Algumas mulheres apresentam micção dolorosa e freqüente. Dor de estômago e febre acompanham o avanço da gonorréia. O tratamento convencional por antibiótico alivia os sintomas e cura a gonorréia. Se a infecção passar despercebida por muito tempo, no entanto, poderá causar esterilidade. Uma vez mais, ambos os parceiros devem ser tratados. Um exame simples denominado GenProbe, que é feito no colo do útero, é capaz de detectar a clamidíase e a gonorréia.

O *Trichomonas*, um parasita, pode ser transmitido sexualmente. Os sintomas lembram os da clamidíase e da gonorréia – dor pélvica, dor ao urinar ou na relação sexual, ou um corrimento amarelado espumoso com odor de peixe. Assim como algumas outras DST, esta é inteiramente curável, mas pode causar esterilidade se não for diagnosticada e tratada a tempo. O exame feito por um profissional é necessário para constatar se uma infecção é realmente tricomoníase e não clamidíase ou gonorréia. É possível detectar a tricomoníase numa consulta ao médico, pela análise de uma amostra ao microscópio ou por raspagem para o exame de Papanicolaou. A mulher poderá apresentar um corrimento malcheiroso ou dor durante o exame, resultante da inflamação no colo do útero ou da sensibilidade uterina.

---

* Segundo o *Manual de Controle das Doenças Sexualmente Transmissíveis*, da Coordenação Nacional de DST/Aids, 3ª ed., 1999, do Ministério da Saúde, também é recomendado o tratamento com Eritromicina. (N. do T.)

A tricomoníase é tratada com a prescrição de Metronidazol, que parece apresentar o melhor resultado. Costumo prescrever 2 gramas de Metronidazol (quatro drágeas), em dose única, para *ambos os parceiros* e então analisar os dois depois do tratamento. Às vezes uma dose é suficiente para a cura, mas nem sempre. Enquanto *ambos* os parceiros não estiverem curados, prescrevo 250 miligramas três vezes ao dia durante uma semana.

Há dois tipos de *herpes:* o herpes simples e o herpes-zoster. O herpes-zoster está relacionado com a varicela e com a catapora, e produz bexigas. Durante meus anos de prática médica, tenho encontrado com mais freqüência o herpes simples. O herpes simples do tipo 1 ocorre na boca, ao passo que o herpes simples do tipo 2 ocorre na vulva, mas ambos são causados exatamente pelo mesmo vírus. Esse tipo de herpes manifesta-se na boca sob a forma de uma lesão aberta, da qual purga um líquido claro; esse mesmo tipo de lesão pode aparecer na vagina, no colo do útero ou até no pênis.

Bolhas de febre na boca são lesões de herpes simples. Os profissionais rotulam as lesões da boca como "herpes do tipo 1" e as lesões na genitália como "herpes do tipo 2". Se o seu sistema imunológico estiver em ótima forma, talvez você não apresente reincidência; mas, quando o *stress*, a alimentação inadequada ou outras interferências debilitarem o sistema imunológico, as bolhas retornarão. Se você teve bolhas de febre na infância, o vírus permanece no seu corpo. Se fizer sexo oral e ambos os parceiros tiverem bolhas de febre na boca, o herpes pode ser transmitido aos órgãos genitais. Se você tem herpes nos órgãos genitais e alguém faz sexo oral com você, a doença pode passar para a boca da pessoa.

As pessoas que têm lesões genitais apresentam secreção

clara e sentem muita dor ao urinar. Eu aconselho as pessoas a tentarem jogar água sobre os órgãos genitais enquanto urinam porque se a urina passar sobre as lesões, a cura demorará mais, sem falar na imensa sensação de ardor. Às vezes, pequenos nódulos linfáticos na região da virilha também são sinais de herpes.

As pessoas geralmente sabem quando têm herpes. Quando eu entro na sala de espera para cumprimentá-las, encontro-as de pé, pois não conseguem sentar-se. As pessoas costumam se surpreender com essa doença e querem saber o que poderá acontecer. O motivo pelo qual o herpes pode ser transmitido sexualmente é que ele é causado por um vírus; ora, o contato de pele ocorre durante a relação sexual (ou no beijo, no caso de lesão na boca), e o líquido que contém o vírus passa pelos poros da pessoa.

O herpes também é transmissível na fase imediatamente anterior ao aparecimento das lesões. Os sintomas dessa fase são sensibilidade ou ardência na região genital. O herpes não se transmite depois que a lesão desapareceu por completo. As pessoas com herpes precisam comentar a esse respeito com o parceiro e usar preservativo até que as lesões desapareçam por completo. Conheço pessoas que têm relacionamentos duradouros e nunca contraíram herpes, mesmo quando o parceiro tem a doença. Há dois motivos para que isso aconteça: em primeiro lugar, o casal se protege com preservativos durante a ocorrência das lesões; em segundo, o parceiro não-infectado pode ter um sistema imunológico bastante forte, de modo que nunca contrairá a doença.

Recebo muitos telefonemas de pessoas desesperadas por causa do herpes. As mulheres se mostram ultrajadas. Como foram contrair essa doença? Elas têm certeza de que a contraíram do parceiro, que não deve ter-lhes contado sobre os sintomas. Os homens me dizem que foi a mulher que pegou a doença, pois eles nunca a tiveram. Os pacientes e seus parceiros querem saber qual é a origem dela; no entanto, a medicina não tem todas as respostas neste caso. Muitos médicos com os quais conversei suspeitam que uma grande parte da população tenha herpes latente, e não temos certeza de como se desenvolve a doença, uma vez que nem sempre é transmitida sexualmente.[12] Qualquer um de nós pode apresentar um surto de herpes em algum momento da nossa vida, o que é mais comum quando estamos estressados. Ouvi uma história sobre um médico que foi casado durante 25 anos, sempre monogâmico, e nunca teve herpes. No dia do funeral da esposa, ele apresentou um surto terrível da doença e não conseguia imaginar como a contraíra. Eu acho que ela devia estar latente no corpo dele durante anos, e o surto ocorreu por causa da perda da pessoa amada, que baixou sua reação imunológica. Embora uma pessoa possa sarar de uma lesão de herpes, ele não é curável. A possibilidade de ela apresentar ou não um novo surto vai depender de como ela cuida da própria saúde.

O tratamento convencional é aplicar a pomada de Aciclovir (comercializada como Zovirax) sobre as lesões, umas cinco vezes ao dia, no início do surto. Se ocorrerem novos surtos, o paciente poderá tomar comprimidos de Aciclovir cinco vezes ao dia, durante cinco dias, desde o momento em que sentir o primeiro sintoma, e isso lhe proporcionará uma rápida recuperação. Eu costumo prescrever os comprimidos para os pacientes que apresentam surtos crônicos.

Em termos holísticos, o herpes pode ser tratado com a aplicação de Listerine® nas lesões. É um tratamento um pouco doloroso, mas seca as lesões. Você também pode aplicar violeta genciana nas lesões. Trata-se de um remédio antigo à base de ervas, disponível em lojas de produtos naturais e farmácias de manipulação. Se você ingerir uma quantidade enorme de acidófilos pela boca (cinco cápsulas a cada duas horas), apressará a cura. Tomar grandes quantidades de vitamina C e B e beber bastante água também ajudam a acelerar a recuperação. O objetivo é eliminar as toxinas do organismo e, ao mesmo tempo, melhorar o sistema imunológico. Pode-se também tomar cápsulas diárias de lisina, um aminoácido, além dos acidófilos e vitaminas, o que algumas vezes previne ou minimiza futuros surtos.[13] Uma vez mais, diminuir o consumo de álcool, de cigarro e evitar o *stress* são cuidados que visam à prevenção de novos surtos da doença.[14]

As *hepatites B e C* também podem ser transmitidas sexualmente. O cansaço é o primeiro sintoma, acompanhado de icterícia, urina escura e fezes claras. Além da via sexual, as hepatites B e C são transmitidas por agulhas intravenosas, assim como a Aids. Hoje em dia, pode-se prevenir a hepatite B por meio de vacina. A vacinação é obrigatória entre os funcionários de hospitais e clínicas em virtude da elevada incidência de exposição, e é recomendada a todos aqueles que tenham relações com alguém que apresente hepatite B crônica ou aguda. A vacina é administrada em dois meses, uma vez por mês, e depois de seis meses da última dose. A hepatite B não é curável, mas 90 por cento dos pacientes se recuperam bem. Os outros 10 por cento apresentam um nível cronicamente elevado de enzimas do fígado, o que os deixa mais suscetíveis à cirrose e ao câncer no fígado, porque o fígado está num constante estado de inflamação.

O *papilomavírus humano* (HPV) também é chamado de *vírus da verruga* ou verruga venérea, porque é um tipo de verruga. Pode ser transmitido sexualmente, mas nem sempre. Os cientistas não têm certeza sobre como o vírus da verruga é transmitido em nenhum caso. É possível que ele se origine do *stress* ou de algum outro fator psiconeuroimunológico, ou então de toxinas ambientais. Na maioria das vezes, ele é transmitido pela relação sexual. As mulheres que têm verrugas na vagina podem ser tratadas no consultório médico com podofilina ou ácido tricloroacético (ATA), aplicados diretamente nas lesões. Depois de repetidas aplicações a intervalos semanais, as lesões serão eliminadas. Algumas pacientes apresentam lesões no colo do útero ou no canal uterino. Em geral, essas lesões só são detectadas pelo exame de Papanicolaou, mas são tratadas de maneira diferente, como veremos adiante.

Numa *pequena* porcentagem de mulheres, determinados tipos de HPV podem predispor ao câncer cervical – é por isso que é tão importante fazer um exame de Papanicolaou anualmente para que a doença possa ser detectada a tempo. Recomendo esse exame a cada seis meses, se a mulher tiver tido HPV ou se houver sido exposta a ele. Tenho tratado mulheres com o vírus da verruga, o qual, se não for eliminado, pode levar à lesão cervical precursora do câncer ou até mesmo ao câncer cervical. As mulheres podem ser submetidas aos seguintes tratamentos sem internação: criocirurgia (congelamento das células anormais); *eletroexcisão de alça*, conhecida por LEEP (sigla de *loop electrical surgical excision procedure*, a extirpação das células com HPV do canal cérvico-uterino, o que significa ter acesso ao canal cérvico-uterino e proceder à eliminação de todos os vírus da verruga); ou biópsia cônica, se o caso for detectado com antecedência suficiente. Elas não ficam inteiramente curadas, no sentido estrito da palavra, porque o vírus viverá para sempre no seu sistema imunológico. O máximo que podemos esperar, no caso, é que a intensidade dele diminua. Quando as mulheres me procuram com reincidência de vírus da verruga, converso com elas sobre o funcionamento do sistema imunológico. Pergunto-lhes: "Você fuma?" Elas geralmente fumam um maço de cigarros por dia. "Você bebe?" Em geral, elas gostam de um aperitivo, e não só nos fins de semana. Ou então estão passando por uma difícil situação de *stress* e não fazem nada para resolvê-la. Ou seja, não praticam as técnicas de redução do *stress*. Então eu as aconselho a parar de fumar e de beber e a tomar bastante vitamina C. Às vezes, ingerir 400 microgramas de ácido fólico por dia ajuda a deter a reincidência do vírus da verruga. As vitaminas do complexo B e uma boa alimentação também levam à recuperação.

Tenho observado que o HPV costuma atacar as mulheres sobrecarregadas pelo *stress*. Muitas vezes, elas não o apresentam durante vários anos, ou nunca o apresentaram antes, e quando a vida delas passa por dificuldades, elas vão ao meu consultório e me perguntam: "Como isso foi acontecer comigo?" Se as pessoas não compreenderem os fatores que causam esse problema, seus relacionamentos poderão passar por períodos de grande tensão. Tenho visto casais se separarem depois da ocorrência do HPV porque eles não entendem que esse vírus pode surgir a qualquer altura da vida, diretamente relacionado com o fato de estarem *bem* – ou não. O vírus da verruga talvez não tenha sido transmitido pelo parceiro atual, ou até mesmo nem tenha sido transmitido sexualmente. Recomendo que ambos os parceiros se submetam a um exame para detectar a presença do vírus da verruga, uma vez que as lesões às vezes passam despercebidas a olho nu; as pessoas podem ser portadoras do HPV sem saber. Seria um absurdo tratar uma mulher com HPV e não tratar seu parceiro, que representaria uma possível fonte de contágio. Os homens devem ser examinados tanto por um urologista quanto por um dermatologista que esteja familiarizado com a detecção do HPV. O tratamento pode ser feito sem necessidade de internação do paciente, mas, como no caso das mulheres, o HPV continuará a viver no sistema imunológico do homem mesmo que ele receba tratamento tópico.

A presença do papilomavírus na mulher é detectada pelo exame de Papanicolaou, ou colpocitologia oncótica. Quando o exame acusa um resultado positivo mostrando uma displasia ou NIC *(neoplasia intraepitelial cervical* – lesão precursora do câncer), a mulher precisa fazer uma colposcopia. Esse procedimento amplia trinta vezes nossa visão do colo do útero. O médico coloca iodina no colo do útero, o que produz uma alteração sugestiva do vírus, ou uma anormalidade, para que ele apareça. Em seguida, é feita uma biópsia, que demora dez dias para ser analisada. Se o resultado der positivo para displasia ou NIC, aconselha-se à mulher que faça uma cirurgia a *laser*, uma criocirurgia ou uma LEEP. Se o vírus já tiver sido disseminado no colo do útero ou no útero, será preciso fazer uma biópsia cirúrgica cônica: remove-se uma porção de tecido com formato cônico do colo do útero *(conização)*. Se não for tratada com conização, com LEEP ou com criocirurgia, a infecção virótica poderá progredir até se transformar em câncer do útero. Nesse caso, recomenda-se uma *histerectomia* (remoção do útero).

Em onze anos de profissão, só vi dois casos em que o câncer se disseminou do colo do útero ao útero. As duas mulheres tinham históricos semelhantes. Uma delas deixara de fazer o exame de Papanicolaou por três anos. Apesar de estar com um grande sangramento, ela ainda teve de ser persuadida a realizar o exame. Quando tive oportunidade de examiná-la, observei que ela apresentava um nódulo protuberante no colo do útero. Ela se submeteu a uma cirurgia radical, mas acabou morrendo. Se tivesse feito regularmente os exames de Papanicolaou anuais, ela teria curado seu câncer com procedimentos mais simples. Se for detectado precocemente e não tiver se disseminado para órgãos vitais, o câncer do colo do útero é curável.

A outra mulher não fizera o exame de Papanicolaou por um período de catorze anos. Ela alegava estar praticando a medicina holística e se preocupando com o próprio bem-estar, mas na verdade estivera enganando a si mesma a esse respeito. O tratamento holístico não nega, de jeito nenhum, a necessidade de exames regulares na verdade, os exames são fundamentais para a medicina holística. Quando ela procurou o médico, sentia muita dor na região pélvica, e um estudo de imagem por ultra-sonografia pélvica revelou um tumor maligno em sua pelve. Durante a cirurgia, descobriu-se que o câncer também se disseminara para a bexiga. Foi preciso remover os ovários, o útero, as trompas de Falópio e parte da bexiga, mas ela sobreviveu. Essa cirurgia radical poderia ter sido evitada se ela tivesse se submetido anualmente aos exames de Papanicolaou preventivos. É impossível expressar a importância crucial dos exames anuais de Papanicolaou. Eles fazem parte da manutenção da rotina sexual.

As mulheres sexualmente ativas podem apresentar menos TPM, menos dores de cabeça ou enxaqueca, altos índices de endorfinas e altos índices de hormônios.[15] Isso ocorre por motivos puramente técnicos ou será que o fato evoca o poder da relação humana? Não temos certeza do que acontece, mas a sexualidade é uma grande força inerente ao corpo humano. Volto a dizer: é sempre importante estar ciente do que se come, dos exercícios físicos que se praticam e da dinâmica que impera nos relacionamentos, mas é fundamental conversar sobre a nossa sexualidade. Precisamos fazer as perguntas corretas e buscar as respostas mais saudáveis. Nossa vida depende disso.

7

TPM: tudo está na nossa mente?

A Tensão Pré-menstrual, comumente chamada de TPM, afeta a vida da mulher de inúmeras maneiras. No entanto, há mais desinformação do que informações acerca de como e por que motivos isso acontece. Muitas mulheres que sentiram a TPM são levadas a acreditar que tudo acontece "na mente delas". Eu acho que a TPM ocorre por causa de desequilíbrios hormonais, que produzem mudanças bioquímicas mensuráveis na corrente sanguínea. Não é verdade que tudo está na mente das mulheres.

Ao longo de um ciclo menstrual saudável normal, o estrogênio e a progesterona são produzidos em níveis variáveis, e um pouco antes do período menstrual estão em níveis mais baixos do que a média, o que causa a tensão pré-menstrual. Depois da menstruação, esses hormônios começam a aumentar, e lá pela metade do ciclo chegam ao máximo, causando a ovulação. Depois da ovulação, da metade do ciclo em diante, os hormônios, tanto os estrogênios quanto os da progesterona, voltam a cair, e parece ser esse o momento em que as mulheres começam a sentir os sintomas. A melhor maneira de saber quando a TPM está começando é mapear os sintomas assim que eles aparecem. Os efeitos biológicos da flutuação hormonal se manifestam como sintomas físicos, exatamente da mesma maneira como qualquer outra flutuação biológica se manifesta por meio de sintomas físicos.

Os sintomas da TPM incluem nervosismo, irritabilidade, fadiga, sensibilidade nos seios, emotividade, inchaço do corpo e oscilações gerais do humor. Muitas mulheres me dizem que se sentem como se estivessem "fora de si" e exageradamente intolerantes. Em outra ocasião do mês, poderia acontecer qualquer coisa e elas não se incomodariam, mas antes do ciclo algumas se queixam de que reagem de maneira irracional, e isso as assusta. Algumas mulheres comentaram que suas experiências com a medicina tradicional não deram os resultados esperados quanto à TPM. No caso, o apoio e a compreensão são fundamentais, não a arrogância ou o desinteresse. Também não é incomum os médicos terem dificuldade de acompanhar os desequilíbrios hormonais. Se uma paciente sofre um desequilíbrio de hormônios que lhe afeta a tireóide, costumamos prescrever-lhe uma medicação para corrigir o desequilíbrio e aliviar os sintomas. Não lhe dizemos que tudo está em sua mente. Na década de 1950, a dra. Katarina Dalton, médica britânica, tornou-se uma das primeiras e poucas a pesquisar as mudanças bioquímicas que ocorrem durante o período pré-menstrual, mas desde essa época poucas pesquisas acrescentaram-se a essa no estudo da TPM.[1]

Aqui também a redução do *stress* desempenha um papel importante. No Instituto de HeartMath, em Boulder Creek, Califórnia, o pesquisador Rollin McCraty acompanhou cinqüenta pacientes durante três meses para determinar os efeitos das técnicas de redução do *stress* sobre os sistemas hormonal e imunológico.[2] O estado emocional das pacientes era avaliado diariamente, ao mesmo tempo que se colhia sangue para correlacionar o estado emocional com os níveis hormonais. As pacientes também receberam treinamento em técnicas de redução do *stress* próprias para combater a raiva com reações mais pacíficas em situações estressantes cotidianas. As pessoas que eram iradas aprenderam que podiam reduzir seus sentimentos de raiva usando diversas técnicas de relaxamento. Depois de dois meses, McCraty descobriu que, quando suas pacientes eram capazes de sublimar sua raiva e controlar as emoções para ficar menos ansiosas, seus níveis hormonais no sangue se alteravam. A presença de cortisol, um hormônio do *stress*, se reduzia substancialmente. Todas as pacientes relataram que passaram a ter sentimentos mais positivos, maior clareza de pensamentos e menos problemas físicos. Além disso, *elas disseram que seus sintomas de TPM diminuíram.*

As oscilações hormonais podem afetar o comportamento e os sentimentos, e é possível identificá-las e controlá-las melhor do que temos feito até agora.[3] Uma coisa que as mulheres precisam saber é que *existem* desequilíbrios físicos; elas têm de estar atentas à maneira como controlam seu *stress* e também ao que ingerem que pode agravar ainda mais esse desequilíbrio. Quando os níveis de estrogênio e progesterona estão baixos, os níveis de açúcar, serotonina e endorfina no sangue também estão baixos, e os níveis de cálcio/magnésio e sal/potássio ficam em desequilíbrio. Tanto o *açúcar* quanto o *álcool*, a *cafeína* e o *sal* podem contribuir para aumentar ainda mais o desequilíbrio desses agentes químicos.[4] Portanto, se você costuma ingerir essas substâncias antes da menstruação, talvez esteja contribuindo para intensificar os sintomas da TPM.

O açúcar, o álcool e a cafeína estimulam o pâncreas a produzir mais insulina, e, quando isso acontece, a quantidade de açúcar no sangue diminui. A baixa quantidade de açúcar no sangue nos torna mais emotivas. Podemos nos sentir mais sensíveis e reagir de modo exagerado na maioria das situações. As mulheres comentam que, no período pré-menstrual, sofrem mais acidentes e sentem mais dificuldade para se concentrar. Algumas ficam deprimidas e até têm impulsos suicidas. Talvez você esteja intensificando esses sintomas com os produtos químicos que introduz em seu corpo.

O nível baixo de progesterona reduz o nível de açúcar no sangue, o que pode deixar algumas mulheres carentes de açúcar. Muitas mulheres, antes da menstruação, sentem vontade de comer chocolate, que tem açúcar, cafeína e magnésio, o que indica que o corpo deseja corrigir esse desequilíbrio. O corpo nos engana, e infelizmente o açúcar (ou o álcool ou a cafeína) faz os níveis de açúcar caírem ainda mais, de modo que, se você ingerir algum desses itens, ficará em pior situação do que antes.

Os alimentos que aliviam os sintomas são carboidratos complexos, como pães de trigo integral e cereais, e vegetais de folhas verdes – alimentos naturais que elevam os níveis de serotonina.[5] Você pode manter o equilíbrio interior do seu organismo regularmente comendo alimentos ricos em proteínas a cada duas ou três horas. Ao fazer isso, não estará acarretando um aumento exagerado na produção de insulina e evitará a queda dos níveis de açúcar no sangue. Os carboidratos complexos são muito importantes da metade do ciclo em diante, não apenas no que se refere ao açúcar do sangue mas também porque estão relacionados aos níveis de serotonina. A queda hormonal faz com que os níveis de serotonina caiam a índices desconfortáveis para a maioria das mulheres (a serotonina é uma substância química do cérebro relacionada com o sono), e os carboidratos complexos podem ajudar a manter esse nível. Se a TPM fosse objeto de pesquisas rigorosas quanto aos efeitos da flutuação hormonal nas mudanças emocionais e de comportamento tantas vezes quantas é motivo de piada, teríamos informações suficientes sobre como prevenir as oscilações de humor.

Outro resultado da baixa produção de progesterona é que o nível de sódio diminui antes da menstruação, fazendo com que o corpo tenha necessidade de sal. Se você comer muito sal, talvez apresente retenção de líquido. Isso pode ocorrer tanto no abdome quanto no cérebro. Uma pequena retenção de líquido no cérebro é capaz de produzir mudanças bruscas de humor e dificultar a clareza de pensamento. Uma coisa que ajuda bastante é evitar o sal e alimentos salgados antes da menstruação (o que significa eliminar salgadinhos, presunto, toucinho defumado, picles e, é claro, batatas fritas).

Muitas mulheres não se preocupam em ter uma alimentação correta. Podemos, por exemplo, tomar um cafezinho com uma rosquinha doce no café da manhã e depois almoçar bem tarde, ao passo que, se comermos uma fruta a cada duas horas, manteremos o nível de açúcar no sangue equilibrado e satisfatório. As proteínas encontradas no tofu, nas castanhas, no amendoim e no iogurte também ajudam a manter o equilíbrio. Não fazemos idéia da importância dos alimentos na nossa capacidade de raciocinar e sentir. Se você reparar no que come quando está muito emotiva, vai perceber que é você mesma quem *cria* suas próprias oscilações de temperamento e de sentimentos como conseqüência do que ingere. Somos seres criados pelo hábito e, na nossa cultura, aprendemos desde crianças a usar os alimentos como consolo. Pense um pouco nos apelos que envolvem o ato de fumar em uma boate, nos "prazeres sensuais" de uma xícara de café, de uma bomba de chocolate ou de um delicioso "refrigerante" (o que é um absurdo, considerando-se o mal que eles fazem à circulação do nosso sangue, às paredes do nosso estômago, às nossas células e aos nossos dentes).

É possível erradicar os maus hábitos se assumirmos a responsabilidade por nosso corpo. Podemos nos comprometer com a nossa própria saúde, dizendo: "Sou eu que controlo o que faço; sou eu que mando; não sou uma vítima."

Precisamos nos disciplinar. No que se refere ao tratamento da saúde no Ocidente, estamos exageradamente acostumadas a procurar o médico, tomar os comprimidos que ele nos receita e assim nos sentirmos melhor. Se você estiver decidida a se sentir melhor durante a TPM, será necessário fazer um planejamento pessoal. *E esse planejamento não se resume a tomar comprimidos.* Nenhum tratamento conseqüente e sistemático de saúde se resume a isso.

O Que Fazer?

Se você tomar 100 ou 200 miligramas de vitaminas do complexo B por dia em comprimidos, ou 300 miligramas diariamente, pouco antes de ocorrer a TPM, poderá conter a ocorrência dos sintomas. Muitas mulheres gostam de tomar cápsulas de óleo de prímula, de borragem ou de groselha, porque elas produzem ácido linoléico, que está relacionado com a produção de progesterona no organismo.[6] Óleo de prímula, vitamina B e carboidratos complexos são uma boa escolha. (Bolos gelados, bolachas e sorvetes não são.) Os chás especiais para acalmar a TPM, em saquinhos, ou de raiz de dente-de-leão, ajudam a aliviar a retenção de líquidos. O chá de raiz de valeriana, ou mesmo cápsulas da essência da planta, têm um efeito calmante. Alguns cremes feitos à base de inhame também aliviam os sintomas se forem esfregados nos tecidos macios do corpo (estômago e parte de dentro dos antebraços). Se esses métodos holísticos se mostrarem insuficientes, existe também a opção de se tomar a progesterona natural, na forma de comprimidos ou supositório, imediatamente antes ou durante a TPM. A progesterona natural é fácil de encontrar, porém deve ser prescrita pelo seu médico.[7]

O nível de endorfinas cai antes da menstruação, mas, se você praticar exercícios físicos, as endorfinas são liberadas, o nível de serotonina aumenta, e ambas essas reações podem melhorar seu temperamento. Trinta ou quarenta minutos de exercícios aeróbicos, que liberam a ansiedade e trazem tranqüilidade, afastam vários sintomas negativos porque estimulam as trocas químicas no organismo. A meditação também alivia os sintomas da TPM, pois acalma as ondas cerebrais. A acupuntura pode ser usada com sucesso para se alcançar o equilíbrio e prevenir os sintomas da TPM.[8]

Mais importante ainda, seria maravilhoso se os parceiros pudessem compreender e reconhecer que a TPM é um desequilíbrio hormonal temporário e dar todo o apoio às suas companheiras na aplicação dessas medidas de saúde preventiva e pessoal. A ironia ou o descaso nunca ajudaram a aliviar os sintomas de ninguém.

O tratamento holístico faz maravilhas pela TPM. Em casos agudos, tenho administrado em pacientes doses complementares de progesterona natural por injeção, comprimidos ou supositórios. Os resultados são melhores quando as mulheres complementam a administração de progesterona com a abordagem holística. Os hormônios artificiais (como os encontrados nas pílulas anticoncepcionais) às vezes pioram os sintomas da TPM. Sugiro a você que tome vitamina B e óleo de prímula quando achar que está começando a apresentar os sintomas da TPM, e preste bastante atenção aos alimentos que ingere. É preciso ter força de vontade, mas, depois que você se acostumar a acrescentar esses ingredientes aos seus hábitos alimentares cotidianos, eles se tornarão uma rotina. Ninguém é santo; porém, se você puder repensar sua alimentação um pouco que seja, com certeza se sentirá muito melhor.

Algumas mulheres me dizem que, quando comem açúcar antes da menstruação, não conseguem trabalhar no computador porque não são capazes de se concentrar nem de fazer seus dedos pararem de tremer. Outras me dizem que ficam impacientes com os filhos. Uma coisa que não canso de frisar para as mulheres é que, se elas souberem que estão sofrendo da TPM, devem evitar tarefas ou situações estressantes, se for possível. Se você estiver em casa, evite discussões desgastantes. Diga ao seu marido: "Preciso sair para dar uma volta ou fazer ginástica. Você poderia cuidar das crianças por uma hora?" Faça isso sempre que achar que terá atitudes inadequadas.

É ótimo saber que você realmente é capaz de se sentir maravilhosa e renascida, que existem recursos para ajudá-la e que eles, de fato, funcionam. Você pode fazer isso sozinha – mudar sua alimentação e seus maus hábitos – e ainda economizar o dinheiro das consultas médicas e dos exames de laboratório desnecessários.

Mesmo assim, não acho que as mulheres devam jogar a culpa de tudo na TPM ou nos desequilíbrios hormonais. Temos de observar nossa vida, nossos hábitos e nossos relacionamentos e também ser honestas a respeito do que realmente está acontecendo. Precisamos saber a diferença entre o que é físico e o que tem a ver com desequilíbrios químicos – por causa de alimentos, drogas ou álcool. Também devemos considerar o peso do *stress* resultante do trabalho e das relações familiares, porque, no fim, somos *uma coisa só*. É por isso que o meu trabalho é chamado de "holístico", porque eu considero cada pessoa como um todo – mente, corpo e alma –, onde tudo está inter-relacionado. É uma grande tolice, por exemplo, achar que o fato de recebermos um telefonema de um filho adolescente da delegacia de polícia não vai afetar nossa saúde física. A maneira como enfrentamos o *stress* em nossa vida se reflete decisivamente sobre nossa saúde. Na mesma linha de raciocínio, também é tolice achar que, se comermos os alimentos certos, isso não vai nos ajudar.

Durante a segunda metade do ciclo menstrual, depois da ovulação, nossos níveis de estrogênio e progesterona estão relativamente baixos. Essa é a chamada fase *luteal*. (O termo refere-se ao corpo lúteo do ovário, usado para descrever as mudanças que ocorrem no ovário depois da eliminação do ovo maduro.) Northrup considera essa etapa como sendo uma fase sombria. Ela nos incentiva a nos voltarmos para dentro e prestar atenção ao que nosso corpo tem a nos dizer. Se conseguirmos usar essa fase para ficar em repouso, refletindo, talvez encontremos nossa verdade profunda, ou respostas a perguntas inquietantes. Quando estão nessa fase do seu ciclo, as mulheres costumam me dizer que ficam intolerantes no trabalho ou nos relacionamentos; nesses momentos, elas pensam que poderiam trabalhar com alguma coisa de que realmente gostassem ou que lhes desse uma sensação de realização. Então eu as aconselho a procurar suas verdades interiores e a fazer as mudanças para as quais elas estejam preparadas. Em certas culturas, as mulheres se isolam na companhia de outras mulheres antes de ocorrer sua menstruação, e em algumas tradições de índios norte-americanos elas se isolam, pois a menstruação é considerada um período sagrado para reflexão.[9]

Em quase nenhum outro aspecto o tratamento holístico é mais visível do que com relação à TPM, sobretudo quando se relaciona a algo "que está em sua mente". A meu ver, não podemos – nem as mulheres nem os homens – nos tornar vítimas do sistema de saúde da maneira como ele existe atualmente. As mulheres, tradicionalmente, estão acostumadas a dizer: "Sim, doutor, farei tudo o que o senhor mandar", seja no que se refere a tomar comprimidos, submeter-se a uma cirurgia ou sair do consultório acreditando que deve estar louca, porque, afinal de contas, tudo está em sua mente. Acho que existem outras maneiras de considerar o tratamento de saúde, assim como há outras maneiras de manter sua vida equilibrada. Não estou querendo me referir a "novas" maneiras, porque, na maioria dos casos, os métodos que eu sugiro têm sido empregados há milhares de anos. Por algum motivo, com o advento do mundo industrializado, computadorizado, "laserizado", muitas técnicas antigas de grande utilidade e hábitos de exercícios se perderam ou foram descartados. Em certo sentido, as pessoas simplesmente deixaram de se interessar pelas informações a esse respeito. Se as mulheres procurassem se informar melhor sobre hábitos de alimentação, exercícios físicos, controle do *stress* e nutrição, *durante todo o mês*, poderiam manter um padrão melhor de saúde. Para isso, basta prestar atenção às necessidades do próprio corpo e cuidar melhor dele.

8

Pré-menopausa: a pausa que revigora

A pré-menopausa, um período de meses ou anos antes da menopausa, pode começar na metade da casa dos 30 e continuar até o final dos 40 ou início dos 50 anos de idade. Quando uma mulher fica um ano inteiro sem ter menstruação, é porque está na menopausa. A idade média em que ocorre a menopausa é 50 anos. Esses parâmetros não são rígidos, tanto no sentido cronológico quanto no biológico, mas, do ponto de vista humano, estão sujeitos a uma ampla gama de variações. O período da pré-menopausa pode se estender por até quinze anos. As mulheres que se encontram nesse período, que ainda têm menstruação e portanto, tecnicamente, não se encontram na menopausa, vêm diversas vezes ao meu consultório para se informar sobre os sintomas dessa natureza.

Queixas Comuns

Uma coisa que tenho ouvido muitas vezes é que, quando as mulheres relatam seus sintomas ao médico, achando por intuição que estão na menopausa, a resposta costuma ser: "Não, você ainda é muito jovem para isso." Seus sintomas, embora sejam preocupantes, não oferecem perigo de vida. Eu mesma me envolvi demais com o problema quando, aos 47 anos, agi de maneira precipitada a esse respeito e sofri muito na ocasião até compreender que exagerara demais em meu julgamento. Minhas emoções correram de um extremo a outro. As mulheres nessa faixa de idade costumam me dizer que se sentem extremamente emotivas ou têm reações exageradas. Perdem a paciência com os filhos ou se mostram intolerantes em relação a questões que antes não as incomodavam, o que as leva a se perguntar se não se trata mesmo da menopausa. Quando lhes explico que pode se tratar da *pré-menopausa*, elas se sentem aliviadas e reconfortadas – sua intuição estava certa.

Outro sintoma comum é a perda de memória. As mulheres dizem que se esquecem do que estavam dizendo no meio da frase. Há uma razão técnica para isso: os níveis de *estradiol* (o termo médico para estrogênio) estão caindo. Ao longo da vida, produzimos quantidades variadas de estrogênio, as quais variam tanto durante o dia quanto no correr dos anos. Isso não é motivo de alarme, mas um fato a ser reconhecido e tratado com bom humor. Da próxima vez que você se esquecer do que estava dizendo, simplesmente comente: "Olhe aí meu nível de estradiol caindo de novo." Outro efeito colateral das quedas nos níveis de estradiol é acordar no meio da noite e não conseguir voltar a dormir.

A queixa mais comum diz respeito aos acessos de calor que surgem de repente sem que se saiba de onde vieram. Os surtos de calor ocorrem tanto durante a pré-menopausa quanto durante a menopausa. A mulher pode sentir calor o tempo todo, ter acessos repentinos ou de uma hora pra outra ficar enrubescida e passar a suar demais. (Tenho um *button* com a seguinte inscrição: "Isso é força, não calor." É imprescindível manter o senso de humor.)

As mulheres ficam ansiosas com relação a esses sintomas. Quando ouvem dizer que não se trata de menopausa, pensam que talvez seja algum outro problema mais grave. Sintomas que poderiam ser tratados com calma tomam vulto e despertam medos monstruosos. Por exemplo, o que acontece no caso de surtos de calor é simples. Os ovários produzem menos estrogênio, e isso faz com que o hipotálamo (no cérebro) pare de regular a produção de calor. É como se o termostato do aquecimento central da sua casa parasse de funcionar e não fosse mais possível controlar o calor.

Os surtos de calor podem ser acompanhados de aceleração do ritmo cardíaco. As mulheres costumam dizer que se sentem como se estivessem tendo um ataque cardíaco, mas na verdade trata-se de mudanças hormonais normais. Quando o corpo perde estrogênio, fica mais sujeito a reações do sistema nervoso simpático, de modo que uma perda de estrogênio típica da pré-menopausa pode disparar a reação ao *stress*. Entre as reações do sistema nervoso simpático incluem-se aceleração do ritmo cardíaco, acessos de calor, náusea, sensação de desmaio e instabilidade emocional, as quais podem ocorrer todas na pré-menopausa. Podemos diminuir o efeito dessas reações evitando a cafeína, o açúcar e o álcool, uma vez que essas substâncias estimulam as reações do sistema nervoso simpático. Quando estou me sentindo emotiva ou tendo calores inesperados, tento me lembrar de quando foi a última vez que consumi açúcar ou cafeína.

Problemas da bexiga como micção freqüente, ardência, despertar à noite com necessidade de urinar e incontinência urinária também podem ser sintomas da pré-menopausa. Eles se devem à perda de elasticidade do músculo púbico coccígeo, que se enfraquece pela diminuição de estrogênio. Esse músculo envolve a vagina e sustenta a bexiga e o reto. Ele pode perder a elasticidade em conseqüência da falta de exercícios físicos, parto normal e/ou queda do nível de estrogênio, causando perda de controle da bexiga e da evacuação retal. Uma vez que os sintomas de *infecções do trato urinário* (ITU) podem ser os mesmos, é importante fazer um exame para verificar se existe alguma infecção.

A pele, o cabelo e as unhas às vezes ficam ressecados, e é possível ocorrer queda de cabelo. As mulheres costumam me perguntar se perda de cabelo e unhas quebradiças são sintomas de menopausa, e realmente podem ser.

Outra possibilidade é a irregularidade dos ciclos menstruais, variando desde a ausência de períodos, a infreqüência ou perda de alguns períodos, a ocorrência de períodos a cada duas semanas, até o sangramento constante. Os períodos se tornam mais fracos ou mais fortes, mais ou menos freqüentes. Isso pode se alterar significativamente se você for ativa física e/ou sexualmente. Talvez surja o medo de algo sério, como um câncer endometriano ou ovariano. Na maioria das vezes, a causa das irregularidades é a diminuição de estrogênio e *progesterona* (outro hormônio). Para complicar, ainda existe a possibilidade de ocorrer uma ovulação ou uma gravidez, e o sangramento irregular pode ser sinal de gravidez. Assim, os diversos sinais, sintomas e possibilidades nos confundem.

A perda de interesse sexual é outra preocupação. Muitas mulheres me dizem que simplesmente não se sentem excitadas ou que perderam por completo o interesse por sexo. Elas imaginam que isso seja uma característica da menopausa e que signifique o fim da sua vida sexual. Quando comecei a ouvir esse tipo de comentário de mulheres na fase da pré-menopausa, fui procurar alguma elucidação nas publicações médicas, mas foi em vão – encontrei poucas informações relevantes. No entanto, com tantas mulheres contando casos semelhantes, esse com certeza era um sintoma comum. (Quinhentos clientes insatisfeitos não podem estar errados.) Durante vários anos, achei que a perda da libido se devia à diminuição de hormônios, e agora estamos descobrindo que isso é verdade. O dr. Philip Sarel, um psiquiatra da Universidade de Yale que estuda as alterações no corpo de mulheres na menopausa, sustenta que a diminuição de estrogênio poderia contribuir para a falta de interesse sexual, mas é possível aumentar o interesse sexual com a ajuda da *terapia de reposição hormonal* (TRH).[1]

A redução do interesse sexual pode ocorrer por falta de estrogênio, progesterona ou testosterona, ou uma combinação dos três. Hormônios desenvolvidos a partir da soja em gel, creme ou comprimido já se encontram no mercado como um recurso a mais nesse terreno. A testosterona em gel pode ser aplicada no clitóris, para estimulação direta, ser administrada por via oral ou aplicada em cremes sobre a pele. A testosterona tem a capacidade de aumentar a energia e reduzir a queda de cabelo; esses preparados de dosagem baixa à base de soja apresentam efeitos colaterais mínimos. Se você está insegura quanto à escolha, existem no mercado testes de saliva que alegam fazer uma análise dos níveis de hormônios com bastante precisão. Eu ainda sustento que você sabe quais são suas necessidades e que a "intuição feminina" é o melhor guia.

Inversamente, algumas mulheres de fato relatam um aumento da atividade sexual. Isso talvez aconteça devido à diminuição de suas responsabilidades como mães e donas de casa, à falta de preocupação com uma gravidez ou ao fim de um relacionamento ou casamento insatisfatórios. Como em tudo o mais, nada se deve única e exclusivamente a um fator isolado. A origem dos sintomas está sempre ligada a diversos fatores.

A sensibilidade nos seios ou a sensação de estar grávida, antes da menstruação, é outra preocupação comum entre as mulheres na pré-menopausa. Os desequilíbrios entre os níveis de estrogênio e progesterona causam essa sensibilidade nos seios. É claro que a gravidez ainda é uma possibilidade a essa altura, porque a mulher ainda está menstruando e, portanto, ainda pode ovular, embora isso não seja muito comum. As mulheres precisam entender que a sensibilidade nos seios talvez seja um sinal de gravidez. As mulheres sexualmente ativas, até que tenham deixado de menstruar durante um ano seguido, têm de manter os métodos de controle da natalidade. Talvez você não acredite muito nisso, se não menstruou durante sete ou oito meses, mas é um fato.

As mulheres na pré-menopausa às vezes sentem dor nas articulações, nos ombros, no pescoço e nas pernas. Essas dores se assemelham aos sintomas da doença de Lyme, e muitas mulheres chegam a pensar que contraíram a doença. (A doença de Lyme é transmitida pela picada do carrapato de cervo, não por instabilidade hormonal.) Entretanto, o processo de envelhecimento pode ser acompanhado de osteoartrite e osteoporose, que produzem sintomas característicos durante esse período.[2] Por isso, esse processo deve ser diferenciado de outros diagnósticos potenciais como artrite, doença de Lyme, síndrome de fadiga crônica (SFC) ou síndrome de Epstein-Barr.

Além de os níveis de estrogênio e progesterona da mulher diminuírem, às vezes o de testosterona, que é o "hormônio masculino" que ambos os sexos têm, pode oscilar. O aumento no nível de testosterona faz as mulheres sentirem um maior impulso sexual, enquanto a queda da testosterona diminui o impulso sexual. (A *desidroepiandrosterona*, ou DHEA, outro hormônio que contribui para a sexualidade, também pode ter seus níveis diminuídos e resultar em menor impulso sexual.)[3] Às vezes, as mulheres notam, de repente, que seu rosto apresenta mais pêlos ou que sua voz engrossou; isso sugere um aumento de testosterona. Uma mulher me contou que percebeu que estava na pré-menopausa quando constatou que arrancava mais pêlos do buço do que das sobrancelhas. Essas mudanças não devem causar ansiedade, e não causarão se as mulheres entenderem que são normais.

Os Maiores Riscos na Menopausa

Esses sintomas da pré-menopausa variam de meramente incômodos até ligeiramente dolorosos. Contudo, dois riscos sérios *podem* se desenvolver assim que a menstruação cessa e a menopausa se inicia: osteoporose e doença cardiovascular. A osteoporose ocorre quando os ossos ficam extremamente frágeis em razão da perda de cálcio. Por volta dos 30 anos de idade, as mulheres começam a perder massa óssea, da qual o cálcio é o componente principal. Esse é um período em que a maioria das mulheres bebe menos leite, ou mesmo pára de tomá-lo, ingerindo menos cálcio, em geral, em sua alimentação. Só isso já é suficiente para levar à perda de massa óssea. A osteoporose também pode se desenvolver devido à perda de estrogênio e progesterona. Normalmente, as mulheres magras, de pele clara, sedentárias e fumantes são mais propensas a desenvolver a osteoporose do que as outras, e as que ingerem muita cafeína, a qual rouba cálcio dos ossos, também correm maiores riscos.

As mulheres podem verificar a incidência da osteoporose simplesmente medindo o comprimento entre as extremidades dos dedos indicadores com os braços estendidos. Se essa medida for menor que a sua altura, é possível que a osteoporose esteja se desenvolvendo. A osteoporose também pode ser avaliada com um exame radiológico denominado *densitometria dual da energia óssea* (DEXA), que oferece um bom nível de precisão e com exposição mínima à radiação. Nós, mulheres, perdemos massa óssea continuamente à medida que envelhecemos, e gradualmente nos tornamos nove vezes mais propensas à fratura óssea do que os homens. As mulheres idosas que apresentam uma corcunda, com uma curvatura nas costas que faz encurtar sua altura, são exemplos mais óbvios de osteoporose. Fraturas nos quadris, nas pernas e nos pulsos são mais comuns entre as mulheres na menopausa, por causa da osteoporose. Conforme veremos, existem inúmeras abordagens, tanto holísticas como convencionais, para aliviar os sintomas da osteoporose.[4]

A menopausa também traz o risco de doença cardiovascular. Tradicionalmente, pensávamos que os homens eram mais propensos aos ataques do coração; agora, porém, estamos chegando à conclusão de que algumas mulheres também correm esse risco. A diminuição do nível de estrogênio durante a menopausa aumenta os riscos para certas mulheres. À medida que os níveis de estrogênio diminuem, o colesterol que era normalmente eliminado do fígado, nas mulheres mais jovens, já não é eliminado no organismo das mulheres mais velhas como antes. Em vez disso, ele começa, pouco a pouco, a se acumular nos vasos sanguíneos e pode causar aterosclerose, um espessamento dos vasos causado pelo acúmulo de placas (depósitos de colesterol). Com os vasos mais estreitos, as mulheres correm o risco de apresentar pressão alta ou mesmo ataques do coração, uma vez que menos sangue chega ao coração.

A aterosclerose se desenvolve quando o colesterol adere às paredes das artérias, danificando-as. Muitos fatores contribuem para esse processo, incluindo-se alimentação, *stress*, fumo e falta de exercícios físicos. Há dois tipos de colesterol na circulação sanguínea. Um deles é o chamado "bom" colesterol, composto de *lipoproteínas de alta densidade* (HDL), uma vez que limpa as artérias para facilitar a circulação. O outro tipo de colesterol é o LDL, composto de *lipoproteínas de baixa densidade*. O LDL é o colesterol "ruim" porque adere às paredes das artérias e não pode ser eliminado pelos métodos normais do corpo. As pessoas costumam analisar seu nível de colesterol (o nível total de HDL e LDL combinados) como uma indicação de saúde cardiovascular; agora, porém, sabemos que o nível de colesterol não dá todas as indicações necessárias. Pode-se ter um nível elevado de colesterol e não estar correndo o risco de sofrer de uma doença do coração, porque o importante é a relação entre LDL e HDL entre si – e não seu nível total conjunto. Quanto maior for o seu nível do bom HDL e menor o do LDL ruim, melhor – e isso é bom até mesmo se o nível de colesterol total parecer elevado. Para conhecer sua relação HDL/LDL, divida seu nível de colesterol total por seu nível de HDL. Uma pessoa com uma relação de *4,5* ou acima (ou seja, um índice de colesterol total de 225 dividido por 50 de HDL) tem duas vezes mais probabilidade de adquirir uma doença cardíaca do que outra pessoa cuja relação seja *3,5* (225 dividido por 64 de HDL). Obviamente, essas duas relações são diferentes, embora o nível de colesterol total, 225, seja o mesmo. Por muitos anos, um nível de colesterol ao redor de 220 era considerado perigoso. Contudo, se o seu nível total for de 220 e seu HDL for 55, sua relação HDL/LDL será de 4,0, o que indica saúde cardiovascular geralmente *boa*. Quanto mais HDL "bom" você tiver, melhor será sua circulação. Quanto menos HDL você tiver, mais problemática se tornará a circulação. De maneira geral, se sua relação estiver abaixo de 4,0, você não corre grande risco de ter problemas com o coração. A avaliação do colesterol total não tem sentido sem a avaliação dos dois tipos diferentes de colesterol, cuja relação entre um e outro determina o fator de risco em relação à doença do coração.[5] Muitas pessoas com níveis baixos de colesterol tiveram ataque cardíaco porque seus níveis de HDL eram baixos.[6]

Nem todas as mulheres na menopausa correm esse tipo de risco, mas devem fazer exames regularmente para verificar a relação HDL/LDL assim que entrarem na menopausa. Eu concordo com Betty Friedan, que, em seu livro *Fountain of Age*, nos alerta para não acreditarmos no mito médico de que a menopausa é uma doença e que, portanto, todas as mulheres correm o risco de ter osteoporose e problemas do coração.[7] O risco é uma questão altamente individual que depende de influências genéticas e do estilo de vida e que deve ser avaliado caso a caso. Nesta área, não cabem generalizações.

Tratamentos Holísticos

O primeiro passo, para toda mulher, é observar o que come.[8] Conforme mencionei anteriormente, a cafeína, o açúcar e o álcool tornam as mulheres muito mais propensas a reações nervosas prejudiciais ao sistema nervoso simpático. A cafeína, em particular, induzirá essas reações de maneira predominante, com sentimentos de ansiedade e abalo emocional. Tanto a cafeína quanto o açúcar e o álcool diminuem o nível de açúcar no sangue, podendo levar à hipoglicemia, que causa flutuações dos estados de humor. À medida que perdemos estrogênio e ficamos mais propensas a reações do sistema nervoso simpático, essas substâncias cada vez mais as induzirão. Daí resulta um ciclo vicioso, levando a uma probabilidade ainda maior de reação de *stress*. Uma queda do nível de estradiol pode nos fazer sentir fracas ou dramatizar em excesso um acontecimento qualquer; então, comemos chocolate e tomamos uma xícara de café e nos sentimos melhor. A combinação física de nível baixo de estrogênio mais café e mais chocolate nos faz sentir até mais aquecidas ou mais emotivas, e o ciclo recomeça. É nesse momento que precisamos começar a escutar o nosso corpo. Ao deparar com as substâncias químicas que conseguia eliminar quando era mais jovem, seu corpo agora diz: "Não, você não pode mais fazer isso, porque começa a apresentar sintomas." Nosso corpo sabe que está perdendo estrogênio; isso é o que se costuma chamar de "a sabedoria do corpo". Com certeza, a recusa de café ou de outras substâncias semelhantes implica uma mudança na rotina para as mulheres que passaram a vida em torno de uma xícara de café – ou muitas, muitas xícaras de café – sobre a escrivaninha o tempo todo.

O consumo de açúcar e cafeína exacerba as oscilações emocionais. Quando eu me encontrava cuidando de uma separação depois de uma relação bastante longa, eu não sabia se atribuía minha fragilidade emocional à separação, à cafeína ou ao açúcar. Na ocasião, eu tinha 47 anos e estava na pré-menopausa. Quando parei de consumir café e açúcar, tive enxaquecas e diarréia por aproximadamente duas semanas, mas pouco a pouco comecei a me sentir mais estável. Mais importante ainda, fui capaz de organizar os fios soltos da minha vida e perceber o que se devia à cafeína e ao açúcar e quais eram os elementos estressantes ligados ao meu relacionamento. Por essa época, sofri alguns acidentes de carro, e acho que eu estava exausta por causa de todas aquelas substâncias químicas que eu vinha colocando no meu corpo *(sim, a cafeína e o açúcar são substâncias químicas).* Como muitas de nós, eu pensava que essas substâncias me ajudariam a me sentir melhor, mas a verdade é que criavam ainda mais tensão. A perda de estrogênio dificulta a metabolização dessas substâncias químicas. Uma grande xícara de café com açúcar pode provocar uma reação de *stress* numa mulher de 20 anos de idade, mas seu organismo não está à mercê de oscilações nos níveis de estrogênio. Assim, o verdadeiro efeito fisiológico em uma mulher na menopausa será mais destrutivo do que em outra mais jovem. É por isso que nos perguntamos: “Por que isso nunca me incomodou antes? Por que só aconteceu agora?”

Às vezes, os surtos de calor e os acessos de taquicardia são amenizados com a ingestão de 600 a 800 U.I. de vitamina E diariamente, 3 mil miligramas de vitamina C e 50 a 100 miligramas de vitamina B por dia.[9] A vitamina B é particularmente eficaz contra o *stress*, uma vez que ele rouba toda essa vitamina do nosso corpo. Descobriu-se que a associação das vitaminas B, E e C é capaz de reduzir os surtos de calor.

A pré-menopausa e a menopausa às vezes fazem você sentir muito calor; portanto, beba bastante líquido para compensar. É o mesmo que colocar água no radiador do seu carro para impedir que ele esquente demais. Hidratar o corpo com banhos constantes também reduz a sensação de calor. Você também pode usar roupas folgadas de algodão, que não absorvem o calor e o refletem. Dormir apenas com lençóis de algodão é bom, embora isso às vezes crie uma situação difícil, quando o parceiro não sente surtos de calor: você tenta se livrar das cobertas e ele as puxa de volta! Precisamos encontrar um certo nível de compromisso nos relacionamentos, e o senso de humor ajuda bastante. (Talvez seja por isso que os filmes antigos mostravam os casais dormindo em camas separadas.)

Os surtos de calor podem interromper o sono profundo, porque o estradiol tende a cair drasticamente à noite. É por esse motivo que é tão difícil voltar a dormir. É importante não ingerir cafeína, açúcar ou álcool antes de ir para a cama para ajudar a diminuir esses ataques noturnos. Se você toma ervas ou hormônios para aliviar os calores e a insônia, tome-os antes de se recolher. Em seu livro *Menopausal Years*, Susun Weed descreve uma grande quantidade de plantas úteis e antídotos herbários contra os sintomas das reações causadas pela menopausa.[10] Para combater os surtos de calor, Weed sugere que façamos uma caminhada pelo jardim e colhamos algumas plantas que sejam boas para comer.

Muitas pessoas acreditam que certas ervas atenuem os sintomas porque estimulam as glândulas supra-renais – situadas acima dos rins – a produzir mais estrogênio. Se você encher os seus rins com água, isso estimula as glândulas supra-renais, e as ervas podem fazer o mesmo. Entre as ervas normalmente indicadas para esse caso disponíveis nas farmácias, incluem-se o *dong quai*, o licorice preto, a salsaparrilha ou salsa-americana, a cimicífuga e o gengibre ou *ginseng*. Já se encontram à venda preparados especificamente para a menopausa, que nada mais são do que um composto com todas essas ervas juntas. Eles podem ser comprados em forma líquida, em cápsulas ou como chás. Para combater os efeitos da redução da progesterona, as cápsulas de óleo de prímula, de óleo de groselha-preta ou de óleo de borragem feitas de ácido linoléico são muito boas. O ácido linoléico aumenta a produção de progesterona. Os preparados de ervas, óleos e produtos homeopáticos podem ser combinados e usados juntos, ajudando a reduzir os sintomas.[11]

As técnicas de redução do *stress*, como a meditação, a ioga, a massagem e a acupuntura, agem contra os surtos de calor. A acupuntura é especialmente indicada porque o meridiano do rim pode ser estimulado para ajudar as glândulas supra-renais a produzir mais estrogênio.[12] A acupuntura também traz mais equilíbrio aos caminhos de energia do corpo – ou meridianos, como são chamados na medicina chinesa. A obtenção do equilíbrio se contrapõe à sensação que muitas mulheres têm de estar "desequilibradas". A psicoterapia, como uma técnica de redução do *stress*, também é muito útil, porque, se não for tratado de forma adequada, o *stress* estimulará continuamente as glândulas supra-renais, que não funcionarão bem.

Para atenuar o ressecamento da pele, assim como do cabelo e das unhas, mantenha todo o corpo bem lubrificado. Uma vez mais, isso significa beber muito líquido e passar creme ou óleo hidratante na pele depois do banho; a pele os absorverá como uma esponja. Um óleo natural, *sem perfume nem álcool*, é a melhor opção. O azeite de oliva também é eficaz (Marilyn Monroe o usava; por que não podemos fazer o mesmo?), assim como os de gergelim, de milho ou qualquer tipo de óleo vegetal ou óleo com vitamina E. Essas são maneiras baratas de tratar da pele seca. Quando o corpo absorve o azeite de oliva ou de açafrão, a relação de HDL/LDL melhora, o que diminui os problemas cardiovasculares. Também é bom ingerir um pouco de óleo diariamente. Pode ser um óleo poliinsaturado, como óleo vegetal, ou do tipo monossaturado, como azeite de oliva. Nosso corpo precisa de óleo por dentro, assim como na parte externa.

Caso as mulheres achem que os óleos naturais não têm efeito suficiente, podem recorrer a cremes vaginais que contenham estrogênio, para lubrificação. Eles devem ser inseridos na vagina duas vezes por semana, até ser recuperada a lubrificação, e depois uma vez por semana, conforme necessário. No caso de uso prolongado, recomenda-se que a mulher também utilize progesterona, porque o estrogênio, quando administrado sozinho, sob qualquer forma, aumenta o risco de câncer uterino. Os cremes vaginais Premarin e Estrace com estrogênio costumam ser prescritos. Também é possível encontrar o creme de estrogênio natural, feito à base de soja; assim como o estrogênio sintético, ele só pode ser adquirido mediante prescrição médica.[13]

A redução do estrogênio às vezes torna as mulheres propensas a infecções vaginais, as quais podem ser evitadas se elas mantiverem distância do açúcar e do álcool.[14] Consumir menos queijo também ajuda, uma vez que ele pode aumentar as possibilidades de infecções por levedura. As mulheres não devem se lavar com duchas a menos que seja realmente necessário, porque a ducha, em geral, resseca os tecidos vaginais delicados, o que os torna mais vulneráveis a infecções vaginais.

O ressecamento vaginal é uma queixa muito comum na menopausa entre as mulheres sexualmente ativas. É possível aliviar esse problema mantendo o tecido vaginal lubrificado diariamente; eu sugiro que as mulheres passem óleo natural diariamente na vagina. Para combater o ressecamento, você pode usar azeite de oliva, gergelim ou açafrão, ou um creme feito à base de inhame silvestre (uma forma natural de progesterona). Ponha o óleo no dedo e insira-o na vagina, para lubrificar os tecidos, ou então insira uma cápsula de óleo natural. Os óleos naturais entram na composição de cápsulas de vitamina E, ou cápsulas de óleo de fígado de bacalhau, e se dissolvem rápido. Basta manter o dedo no interior da vagina durante alguns segundos, até que a cápsula comece a se dissolver, e isso lubrificará os tecidos de forma natural. Permanecer sexualmente ativa, seja se masturbando seja com um parceiro, é um tratamento eficaz, porque a atividade sexual estimula a lubrificação. Trata-se de um caso de "use ou perca". Nas farmácias, encontram-se geléias e lubrificantes, embora seja essencial usar uma geléia solúvel em água, que não resseca os tecidos delicados. Tanto você quanto seu parceiro podem utilizar óleos ou geléias. O assunto ressecamento deve ser discutido aberta e honestamente com o parceiro antes que essa questão simples se torne um problema.

Os casais precisam reconhecer que as respostas sexuais e orgásmicas às vezes são mais lentas nesse período. Se a lubrificação demora mais, bem, a paciência é uma virtude. Os casais podem transformar esse aspecto numa vantagem, visto que o ato sexual se torna mais lento e mais relaxado do que era nos bons e velhos tempos. *A comunicação é essencial.* Se você está tendo uma relação sexual com um homem, ele precisa saber que, se dói quando ele penetra você, é por causa do ressecamento vaginal. Ele precisa saber que basta ter calma e usar algum tipo de lubrificação, que irá ajudar muito. Muitos homens não têm consciência disso, às vezes porque as mulheres têm medo de falar a esse respeito. Os homens começam a achar que machucaram a parceira, perdem a ereção, pensam que estão impotentes; e a mulher acha que não desperta o desejo do parceiro. E se formos analisar a situação, ninguém está fazendo sexo porque os dois acham que não conseguem ou que não são desejados, e a essa altura os dois estão tão cheios de ressentimentos que nem querem mais saber de sexo, afinal de contas! E tudo por falta de informação! No caso de casais de lésbicas, ambas as parceiras precisam estar atentas a essas questões com respeito à introdução de objetos na vagina, como lidar com o ressecamento vaginal e com mudanças nas respostas sexuais.

A menopausa não significa o fim da vida sexual. Significa apenas que esta precisa mudar e possivelmente tornar-se mais calma. Relaxe, aproveite e continue conversando sobre isso! Não precisamos achar que perdemos a vida sexual por envelhecermos. As pessoas podem manter a sexualidade pelo tempo que quiserem, porque 95 por cento dela está em nossa mente. Não precisamos acreditar no mito de que com a idade avançada não devemos fazer sexo. O importante é continuar conversando abertamente a esse respeito e estabelecer alguns precedentes em relação a novas atitudes. Conheço muitas mulheres que são sexualmente ativas aos 67 anos de idade. Elas conseguiram superar alguns dos desconfortos da menopausa para continuar tendo uma vida sexual agradável também nesse período. Não que elas mantenham o mesmo estilo de quando eram jovens, mas é bom do mesmo jeito.

Quanto à osteoporose, as atitudes preventivas devem incluir evitar álcool e fumo e limitar o consumo de cafeína. Essas substâncias inibem a absorção de cálcio pelo corpo, que irá roubá-lo dos ossos para compensar sua deficiência. Além disso, o organismo da mulher utiliza o cálcio com menos eficiência depois que a produção de estrogênio se reduz; portanto, convém aumentar a ingestão diária de cálcio para 1.500 miligramas, acompanhada de mais 750 miligramas de magnésio. (No início da menopausa, as mulheres precisam de 1.000 miligramas de cálcio e 500 miligramas de magnésio diariamente.) Seria melhor que o cálcio fosse ingerido na forma de quelato, pois assim é mais facilmente absorvido pelo corpo. Os comprimidos Tums® não são uma fonte balanceada de cálcio, embora eu conheça pessoalmente alguns médicos que prescrevem Tums para suas pacientes. O Tums pode realmente abalar o equilíbrio ácido-básico se for ingerido em quantidades exageradas. A melhor forma de ingerir cálcio é por meio de comprimidos vitamínicos ou diretamente dos alimentos. Estudos têm demonstrado também a necessidade de vitamina D para ajudar na absorção do cálcio (400 a 1.200 miligramas diariamente).[15] O creme de progesterona à base de inhame silvestre também é um recurso para reduzir a osteoporose.

É possível usar a alimentação como medicamento durante a menopausa. Por exemplo, acrescentar 1 colher (de chá) de leite em pó desnatado ao café da manhã ou ao almoço, beber suco de laranja fortalecido com cálcio, tomar um copo de iogurte com baixo teor de gordura e comer um vegetal de folha verde-escura e um pedaço de queijo todo dia irá acrescentar aproximadamente 1.000 miligramas de cálcio à alimentação comum. Cápsulas de um composto de vitamina D, cálcio e magnésio são fáceis de encontrar (a vitamina D e o magnésio são necessários para ajudar o organismo a absorver o cálcio). Damascos, nozes, brócolis e sardinhas também são boas fontes de cálcio.

Até recentemente havia uma preocupação dentro da comunidade médica, de que as mulheres, quando não têm uma fonte natural de estrogênio, não possam absorver cálcio de comprimidos ou alimentos.[16] Aqui "natural" significa biológico, em vez de artificial ou acrescentado. Os especialistas não estão seguros ainda, mas eu acredito que seja benéfico consumir cálcio, magnésio e vitamina D, além de ervas ou reposição hormonal.

Os exercícios físicos são uma arma eficaz contra a ocorrência de osteoporose. Isso inclui atividades como aeróbica, caminhadas, andar de bicicleta, de *skate*, esquiar, dançar e usar aparelhos de exercícios ou qualquer atividade em que se ponha peso nos ossos mais longos. Para mulheres na menopausa, é indicado exercitar os ossos dos pulsos e antebraços com pesos leves.[17] A natação, ainda que benéfica em muitas áreas de saúde, não é relevante quanto à osteoporose.

A associação de todas essas medidas – alimentação, ervas, exercícios e alguns remédios sob prescrição médica – resulta numa abordagem holística para o alívio da osteoporose.

A abordagem holística para reduzir o risco de doenças cardiovasculares consiste em manter atividade aeróbica regularmente. O exercício aeróbico é aquele em que o coração é estimulado acima de seu ritmo habitual durante 30 a 45 minutos, três a quatro vezes por semana. Entre esses exercícios incluem-se todos os mencionados para a osteoporose. Caminhar é particularmente eficaz, desde que não se force as articulações, ainda que seja preciso caminhar rápido para aumentar o ritmo cardíaco. Uma vez mais, é imprescindível manter uma alimentação com baixo teor de gordura, sem sorvetes e leite integral, e quantidades mínimas de manteiga e carne. Sua meta deve ser evitar gorduras animais.

Eu acompanho minhas pacientes com risco coronário na menopausa fazendo um exame de sangue uma vez por ano para avaliar o nível de colesterol, o nível de triglicérides e a relação HDL/LDL. Se a taxa de colesterol estiver acima de 200, os triglicérides estiverem acima de 150 e a relação HDL/LDL estiver acima de 5, a mulher pode estar sujeita a problemas do coração. O HDL precisa estar alto em relação ao LDL, mas a tendência é o LDL aumentar e o HDL diminuir com a baixa do estrogênio. Portanto, algumas mulheres estão correndo risco, pois se existe uma relação variável, isso significa que o fígado não está eliminando a gordura do corpo. É importante acompanhar essa relação à medida que envelhecemos, porque ela indica a necessidade de cuidados médicos. Uma boa alimentação, ervas e óleos podem ajudar. Por exemplo, foi demonstrado que o óleo de linhaça reverte a relação HDL/LDL e a mantém nos níveis desejados – mais um exemplo de que uma substância de origem natural é capaz de dar o mesmo resultado que costumamos obter com medicamentos sob prescrição médica.[18]

Tratamento Convencional e Controvérsias

Muitas mulheres passam pela menopausa sem nenhum problema. Muitas sofrem de mal-estar, ainda que não a ponto de interferir na sua vida ou rotina. Trata-se mais de um incômodo do que de um problema sério. A mídia tem dedicado muita atenção à terapia de reposição hormonal (TRH) durante a menopausa, *mas a verdade é que nem todas as mulheres precisam disso.* A prevenção é tão importante quanto o tratamento, e as mulheres que adotam as medidas preventivas da abordagem holística às vezes não sentem a menor necessidade de TRH.

Há muitos tipos de reposição de estrogênio e progesterona.[19] Algumas mulheres preferem um "adesivo" de estrogênio, aplicado à pele como um emplastro adesivo de nicotina, porque evita tecnicamente que o produto passe pelo fígado. Caso elas tenham tido algum problema de alcoolismo ou no fígado, sentem-se mais seguras usando o adesivo. Alguns relatos de mulheres que tomaram Estrace por via oral mostram que é um meio mais eficaz. O dr. Sarel recomenda o Estrace porque ele é muito parecido com o estradiol produzido pelo próprio organismo. Algumas mulheres usam Premarin, por via oral, simplesmente porque acham melhor.

A princípio, as doses de estrogênio são baixas, e, se o organismo da mulher não responder, aumenta-se a dose. São mensurados os níveis hormonais. Podemos medir o estradiol ou executar um índice de maturação em um exame de Papanicolaou, que indica quantas células superficiais estão disponíveis e se o corpo está respondendo ao tratamento hormonal. Se não houver nenhuma célula superficial, então o corpo não está absorvendo o estrogênio, e a dose precisa ser aumentada.

A TRH tem sido alvo de muita controvérsia. Quando comecei a trabalhar com mulheres na menopausa, dez anos atrás, indicava-se apenas o estrogênio para reduzir a osteoporose. Isso me deixava pouco à vontade, pois as pesquisas sugeriam que, embora o estrogênio reduzisse a osteoporose, aumentava os riscos de câncer do útero em até 300 por cento! Isso porque o estrogênio estimula constantemente o revestimento do útero, produzindo uma proliferação (espessamento) do endométrio. Isso deixa a mulher mais vulnerável à hiperplasia do endométrio, que é um estado pré-canceroso do útero, ou ao próprio câncer do útero. A comunidade médica, então, começou a pesquisar o assunto e a reavaliar a reposição do hormônio. Será que os dois benefícios, redução da doença do coração e da osteoporose, valiam a pena, uma vez que acarretavam um aumento do risco de câncer do útero?

Pouco a pouco, as pesquisas revelaram que, se fosse acrescentado um componente secundário de progesterona ao estrogênio, diminuía-se o risco de câncer uterino.[20] A progesterona escarificava o forro do útero de modo regular (como isso normalmente acontece a mulheres mais jovens, fora da menopausa), eliminando assim a possibilidade de excitação excessiva pelo estrogênio. Logo se tornou comum a prescrição do estrogênio e da progesterona associados. Costuma-se prescrever Premarin (estrogênio) na quantidade de 0,625 miligrama ao dia ou Estrace, 1 miligrama ao dia, ou então o Estraderm ou Climara em adesivo, 0,05 miligrama ao dia. Além disso, costuma-se prescrever Provera (progesterona) na quantidade de 5 miligramas, do primeiro ao décimo dia do ciclo, ou 2,5 miligramas diariamente.

As pesquisas também demonstraram que, embora a progesterona diminuísse o risco de câncer do útero, poderia aumentar o risco de doença do coração ao alterar a relação HDL/LDL.[21] A probabilidade é de que tanto a osteoporose quanto a doença do coração diminuam drasticamente diante da presença do estrogênio, mas os problemas cardiovasculares podem ser aumentados pela progesterona. Isso faz com que as mulheres que estão na menopausa e que decidem optar pela TRH se sintam encurraladas entre a cruz e a espada, tentando avaliar qual dos males é o menos pior; e ocorreu uma quantidade significativa de estudos e análises sobre a TRH nos últimos dez anos.

Geralmente, o histórico familiar da mulher é que determinará seu curso de ação. O câncer de mama, a doença da vesícula biliar, os problemas no fígado e os coágulos de sangue são alguns dos riscos ligados à TRH. Cada vez mais estudos indicam que não há risco de câncer de mama com a reposição de hormônios a curto prazo (quinze anos ou menos). Além disso, enquanto a reposição pode aumentar alguns riscos, ela reduz os da osteoporose e da doença do coração. Isso é importante por causa das estatísticas: o número de mulheres na menopausa que morrem de ataque do coração é maior do que o das que morrem de câncer de mama.[22] Os benefícios talvez possam exceder os riscos, mas mesmo assim cada mulher deve tomar sua própria decisão quanto à relação risco/benefício, com base em sua filosofia, em seu histórico médico e familiar e em dados de laboratório que avaliem os riscos potenciais.

Alguns gineco-oncologistas acreditam que as sobreviventes de câncer de mama podem receber reposições hormonais, mas as sobreviventes com quem conversei geralmente não querem correr os riscos associados ao estrogênio artificial. Cada mulher deve observar suas circunstâncias pessoais. Se você tem um histórico familiar de câncer de mama, se é uma sobrevivente de câncer de mama, se tem fibrose do útero ou, *mais importante ainda*, se sua intuição lhe diz que você "não deve tomar hormônios", então ouça sua voz interior quando for decidir o que fazer. A terapia do estrogênio é capaz de reduzir o risco de doença coronária em 50 por cento, mas pode aumentar o risco de câncer de mama; assim, o dilema permanece. Mais pesquisas precisam ser feitas, e novamente as mulheres têm de escutar a si mesmas depois de buscar todas as informações possíveis.

Conforme mencionei anteriormente, o estrogênio e a progesterona naturais, como alternativas para hormônios sintéticos, podem ser tomados por via oral ou usados em forma de creme. Eles devem ser prescritos por um médico, assim como a TRH sintética. Esses produtos são feitos à base de soja e outras plantas naturais. O produto de estrogênio, TriEst, é composto de 10 por cento de estrone, 10 por cento de estradiol e 80 por cento de estriol. O estriol também pode ser encontrado em sua forma simples. Considerando que eles são feitos de soja, que é fitoestrogênio, é possível que diminuam o risco de câncer de mama. Se você toma algum estrogênio natural, é importante lembrar que está introduzindo estrogênio a mais no organismo, mesmo que ele seja um derivado natural e não-sintético. Ainda assim, é estrogênio, e os possíveis riscos merecem consideração.

O creme de progesterona, parcialmente derivado de soja, assegura condições biológicas para a produção de progesterona pelo próprio corpo. Aplicado diretamente sobre o tecido suave do estômago, no rosto ou nos antebraços, duas vezes ao dia, pode aliviar os sintomas da menopausa. Usado na vagina, combate o ressecamento. O creme Pro-Gest, fabricado pela empresa Klabin, tem sido avaliado quanto à sua capacidade de reduzir os sintomas de TPM, o ressecamento vaginal e a osteoporose. O dr. John Lee demonstrou experimentalmente que é a progesterona que reduz a osteoporose, e não o estrogênio.[23] Ele argumenta que o estrogênio deveria ser tomado apenas a curto prazo, contra os surtos de calor e o ressecamento vaginal, e recomenda o uso contínuo do creme Pro-Gest para evitar a osteoporose. Esse creme pode ser adquirido diretamente da Klabin, em algumas lojas de produtos naturais, farmácias ou consultórios médicos.

Às vezes, as mulheres têm de tomar decisões com base em informações que parecem conflitantes e/ou com pouca evidência científica. Por exemplo, um estudo demonstrou que algumas mulheres de 80 anos, que haviam tomado apenas estrogênio durante cinco a dez anos na época da menopausa, apresentaram a mesma densidade óssea que mulheres que nunca tinham tomado estrogênio. Uma vez que a idade comum em que se fratura o quadril é 80 anos, os pesquisadores têm sugerido que as mulheres esperem até os 70 anos para começar a TRH.[24] Assim, cada mulher deve tomar sua decisão por si mesma e, se não quiser fazer a TRH para o resto da vida, tem de considerar se a abordagem holística não seria mais eficaz.

Algumas pacientes me contam que, assim que iniciam a terapia de reposição hormonal, sentem-se melhor. Elas se sentem aliviadas, deixam de ser afetadas por instabilidades emocionais e conseguem lidar melhor com situações estressantes. O impulso sexual aumenta, o ressecamento vaginal diminui e elas se sentem nitidamente bem. Conforme me disse uma mulher: "Estou me sentindo como era antes."

Algumas mulheres tentam primeiro o tratamento holístico, usando ervas e mudando a alimentação. Caso isso não resolva, passam para o tratamento convencional. Algumas tentam o tratamento convencional primeiro e às vezes sentem efeitos colaterais como oscilações de humor, por causa da progesterona, ou inchaço e aumento de peso, por causa do estrogênio, e então experimentam o tratamento holístico ou a TRH natural. É possível associar o tratamento alternativo e o convencional (associar as abordagens é um método "holístico") e usar um complementarmente ao outro.

É bom deixar claro que muitas mulheres não sentem nenhuma necessidade de reposição hormonal, embora a publicidade sobre o assunto costume deixá-las temerosas de desenvolverem graves problemas se não fizerem a TRH. Também devemos ficar atentas a quaisquer novos estudos científicos sobre reposição hormonal. Não há uma única resposta em termos de abordagem holística *versus* abordagens convencionais em relação à menopausa. Muitas mulheres não apresentam nenhum sintoma ou problema; não fazem nada e parecem sentir-se bem. Contudo, uma mulher pode passar pela menopausa sem ter sintomas e então, de repente, se defrontar com a morte do pai ou da mãe, com a cirurgia do marido para colocação de três pontes de safena ou com a perda do emprego. As reações ao *stress* e as oscilações hormonais subitamente tornam-se um problema.

As mulheres na metade da casa dos 40 anos que vão ao meu consultório estão entre adaptáveis e mal-adaptáveis. As mulheres mal-adaptáveis mostram-se deprimidas, bebem e comem demais, são sedentárias e fatalistas. Insistem na filosofia da estagnação. Adaptar-se significa tentar contornar as dificuldades, buscar aconselhamento, assumir riscos e obter mais informações sobre o que está acontecendo com nosso corpo. Significa não ceder diante do processo da menopausa e do envelhecimento, dizendo: "Minha vida acabou, o que é que eu posso fazer?" As mulheres adaptáveis mudam diante dos meus olhos. Tornam-se mais criativas em relação aos relacionamentos – amoroso, profissional e com os filhos. Elas ficam mais livres e positivas em relação às próprias necessidades e à maneira de encarar os acontecimentos.

Para a maioria das mulheres, é estranho poder escolher no que diz respeito à sua saúde. Ao longo da história, quase não tivemos oportunidade de fazer escolhas. Onde vivemos, com quem nos casamos, onde ou se trabalhamos e nossa situação econômica sempre foram ditados por nossa classe, clã, tribo ou estrato social. Chegamos a um ponto na história em que escolher o tratamento de saúde tornou-se fundamental para nossa vida. Como estamos desacostumadas com esse fato, é hora de tomarmos as rédeas, e a menopausa é um bom começo para isso. Segundo minha experiência, as mulheres que assumem as rédeas encontram um propósito e um compromisso com a vida e, cuidando melhor de si mesmas, apresentam menos problemas emocionais e físicos durante a menopausa. Quando paro para pensar nisso, observo que muitas mulheres internacionalmente influentes estavam ou estão na menopausa, incluindo Indira Ghandi, Eleanor Roosevelt, Betty Friedan e Gloria Steinem. Isso me sugere que a menopausa pode ser um período de grande criatividade, em que se deixam para trás velhos estereótipos e idéias ultrapassadas. Margaret Mead falou do "sabor da menopausa", um período em que as mulheres realmente têm a possibilidade de sair de si mesmas e assumir enormes riscos.[25] É mais positivo considerar a menopausa como uma fase de transição – como a adolescência. Conforme costumo dizer nos meus seminários, ela pode ser a pausa que revigora.

9

A atuação do bem-estar em sua vida

É surpreendente o esforço que muitas pessoas precisam fazer para, definitiva e sistematicamente, pôr o cérebro para funcionar. Elas parecem insistir em que outra pessoa sempre pense no lugar delas.

THOMAS EDISON[1]

Suzanne toma 16 medicamentos diferentes e vive desnorteada. O médico que prescreve seus comprimidos não sabe que ela é uma viciada e alcoólatra em recuperação, porque tem pouco tempo para atendê-la. Os viciados podem se tornar dependentes de qualquer produto químico, e Suzanne toma inúmeros comprimidos. Perguntei-lhe se algum médico a aconselhara a se cuidar ou assumira a responsabilidade por sua alimentação. A resposta dela, assim como muitas outras, foi "não".

Quando ela vai ao meu consultório, digo-lhe que ela precisa cuidar de si mesma. Não sei se ela está pronta para isso, porque, por mais que nos queixemos da medicina, ainda esperamos que os médicos nos digam o que fazer e que nos receitem comprimidos e outros medicamentos. Somos nós mesmos que criamos essas expectativas, e a própria medicina tradicionalmente nos obrigou a fazê-lo. Mas hoje em dia não acho que os pacientes esperem isso.

Posturas Arraigadas: Ensinar Truques Novos a Cães Velhos

As atitudes em relação ao bem-estar estão distorcidas como cordas molhadas emaranhadas e deixadas para secar até se tornarem inevitavelmente irrecuperáveis. Padrões culturais e conceitos arraigados são difíceis de mudar, até mesmo quando nos fazem mal. As doenças surgem quando não sabemos nos cuidar, ao passo que o "bem-estar", ao contrário, tem tudo a ver com *responsabilidade.* Essa responsabilidade diz respeito à nossa saúde, ao nosso bem-estar e aos nossos maus hábitos.

O bem-estar está vinculado a um estilo de vida desenvolvido para prevenir a doença. Entre os componentes do bem-estar, incluem-se exercícios físicos, alimentação adequada, ausência de toxinas ambientais conhecidas, exames médicos regulares, uma prática espiritual e a consciência de que essas variáveis ou promovem ou diminuem o bem-estar. Um "modelo de bem-estar" contradiz o "modelo de doença" muito freqüentemente invocado pelo sistema de saúde. Os profissionais de saúde sempre tratam a doença com remédios e procedimentos cirúrgicos, em vez de explicar às pessoas como ajudar seu corpo a ficar bem. Quando adoecemos, deveríamos começar a pensar em encontrar o equilíbrio, em vez de procurar um remédio químico de ação rápida.

Um ginecologista perguntou a uma amiga minha como ela se sentia durante a TPM, e ela respondeu que se sentia meio "irritada". Ele lhe receitou comprimidos de Prozac. É um fato assustador da medicina moderna que, quando as pessoas se tornam emotivas, perturbadas ou estão na TPM, sejam aconselhadas a tomar Librium, Valium, Prozac ou qualquer outra droga semelhante. Então elas se tornam dependentes e passam a precisar cada vez mais dos remédios, e ninguém as alerta sobre a necessidade de assumir a responsabilidade por seu próprio bem-estar, de cuidar de si mesmas ou de ter consciência do que está acontecendo em suas vidas. É psicologicamente incorreto ter TPM? Ou nós nos convencemos de que é?

A maioria das pessoas não se preocupam com sua saúde no dia-a-dia. Ignoram o assunto até que adoeçam, e então reclamam porque sentem dor. Por exemplo, não costumamos usar o alimento como medicamento, embora esse enfoque seja parte integrante da medicina chinesa e de outras disciplinas antigas há milhares de anos. Se usássemos a comida como medicamento, começaríamos a encarar o alimento de maneira diferente. Nossas crenças culturais tornam aceitável, perante a sociedade, tratar a indigestão com antiácidos fabricados quimicamente; mas, se mencionarmos o mamão-papaia ou a hortelã – auxiliares naturais da digestão –, as pessoas rirão de nós. O que está acontecendo conosco? Por que a imitação sintética é aceitável, enquanto o remédio natural é ridicularizado? E, mais exatamente: *por que esperamos até ficar realmente doentes para pensar nisso?*

A Natureza Multifatorial do Bem-estar

Para ter um estilo de vida que vise recuperar ou manter o bem-estar, temos de reconhecer que toda doença é multifatorial. Ela é causada por muitos aspectos e nunca é o resultado de um único fator. O bem-estar também é multifatorial. A abordagem holística da saúde considera a pessoa *como um todo* e não só como *algumas partes*. Para assumir o que devemos fazer, precisamos observar nosso estilo de vida como um todo, não só *alguns* de nossos hábitos. Se você fizer os exercícios físicos adequados mas continuar fumando, isso não resultará necessariamente em bem-estar, porque ambos os fatores – exercícios e fumo – estão relacionados ao bem-estar. Se você se alimentar conscientemente mas não praticar nenhum tipo de exercício físico, mais uma vez não estará levando em conta todos os fatores do bem-estar. No caso do bem-estar, o lugar-comum "considerando todas as partes" se aplica perfeitamente, pois devemos considerar o todo e não só a "parte" que queremos. Muitas mulheres gostam de se exercitar, mas ficam enfeitiçadas diante de bifes suculentos ou chocolates belgas. Exceder-se num fator não compensa a falta de outro.

A prática de exercícios físicos regulares é um dos múltiplos fatores que contribuem para o bem-estar. Quando nos exercitamos, substâncias químicas chamadas "endorfinas" são liberadas pelo cérebro, pelas glândulas supra-renais, pelo hipotálamo, pela glândula pituitária e pela tireóide. Os exercícios físicos compõem uma parte fundamental da conexão mente-corpo. Quando estou muito agitada ou preciso resolver um problema, saio para correr ou andar de bicicleta ou procuro fazer algum tipo de exercício físico, e me sinto bem. A prática de exercícios físicos de alguma forma diminui meu nível de *stress*. Em primeiro lugar, porque isso tem a ver com a liberação de endorfinas. Em segundo, porque a opinião que tenho de mim mesma melhora quando me exercito.

Os exercícios fortalecem e tonificam os músculos; assim, eles ficam mais saudáveis e funcionam melhor. A atividade física também ativa o metabolismo, queima gorduras e ajuda a liberar as toxinas. As pessoas que fazem dieta e não se exercitam não perdem peso. Seu metabolismo simplesmente fica mais lento. Elas desenvolvem um determinado peso com o qual o corpo se sente bem. Se diminuem a quantidade de alimentos, o corpo percebe e conclui: "Ela quer me fazer passar fome, portanto vou acumular gordura e mantê-la. Então, quando sentir fome, terei algo para queimar." É por isso que tantas pessoas que fazem dieta acabam frustradas. Para perder peso, é preciso diminuir o consumo de alimentos e ao mesmo tempo acelerar o metabolismo.

Quando os exercícios físicos ativam o metabolismo, aumenta o fluxo de sangue a todos os órgãos do corpo. O cérebro, o coração, o fígado e os rins trabalham melhor. Os exercícios regulares provocam uma redução no ritmo cardíaco, o que significa que o coração trabalha de maneira mais eficaz, já que tem de bater menos. Assim como o motor de um carro, quanto menos ele tiver de trabalhar, melhor. Quanto mais trabalhar, mais cedo estará esgotado.

Os exercícios físicos melhoram o funcionamento do sistema imunológico porque fazem as toxinas circularem e serem eliminadas do corpo pelo fígado e pelos rins. A função do fígado é desintoxicar; portanto, se você se exercitar, estará aumentando o fluxo de sangue para o fígado, eliminando uma maior quantidade de toxinas. Todos nós temos toxinas e, quanto mais eficazmente o corpo trabalhar, mais eficazmente nos livraremos delas. Isso explica por que algumas pessoas ficam doentes e outras não. Certas pessoas parecem estar expostas a uma grande quantidade de toxinas, muito embora nunca adoeçam.

Se você não estiver praticando exercícios no momento, meia hora por dia a cada dois dias, já seria um bom começo, ou meia hora a 45 minutos, de três a cinco vezes por semana. É preciso aumentar o ritmo cardíaco para produzir algum resultado a longo prazo. O aumento no ritmo cardíaco traz benefícios ao sistema cardiovascular, porque os músculos do coração se fortalecem. Como qualquer outro músculo do corpo, o coração trabalha melhor quando fortalecido. As pessoas que se exercitam regularmente enfrentam melhor o *stress* porque seu coração e as glândulas supra-renais funcionam sem problemas. As supra-renais são as principais glândulas relacionadas com o *stress*, e, quando o coração e essas glândulas estão bem tonificados, as toxinas são bombeadas para fora antes que possam se instalar e criar problemas.

Os fatores de risco de determinadas doenças, entre as quais o ataque cardíaco e o infarto, diminuem com exercícios físicos regulares, os quais permitem que o sangue circule mais livremente, impedindo que as veias sejam entupidas. Um coágulo não consegue aderir à parede das veias quando é forçado a continuar se movendo. Se não nos exercitamos, podemos desenvolver pressão alta, em parte porque as artérias estão entupidas por placas. Isso aumenta extraordinariamente o esforço do coração, assim como a pressão sanguínea. Se ela aumentar demais, a pressão atua contra as paredes das veias o tempo todo. Por fim, as paredes se debilitam e se rompem, e o sangue vaza para onde não deveria.

Os pacientes hipertensos costumam ser aconselhados a praticar mais exercícios físicos. Você pode pensar: "Se eu fizer exercícios, minha pressão sanguínea vai subir", mas a longo prazo os exercícios físicos fazem a pressão sanguínea baixar, porque aumentam a resistência das paredes dos vasos sanguíneos.

O trabalho do dr. Dean Ornish é um testemunho impressionante e desafiador sobre a importância dos exercícios físicos e de outros fatores do bem-estar. Em seu livro *Dr. Dean Ornish Program for Reversing Heart Disease* ele explica como a alimentação, os exercícios físicos e as técnicas de relaxamento salvaram a vida de inúmeros pacientes de doenças do coração que procuraram a sua ajuda.[2] O mesmo pode ser dito do Instituto Pritikin na Flórida, onde pacientes candidatos à cirurgia do coração passam por um programa de exercícios físicos regulares, mudanças importantes nos hábitos alimentares, meditação e aulas de técnicas de redução do *stress*.[3] Depois de incorporar o programa em sua vida, esses pacientes geralmente dispensam a cirurgia. Algumas pessoas vão ao Instituto Pritikin *depois* de uma cirurgia de colocação de ponte de safena, para aprender um estilo de vida preventivo preocupadas em evitar nova cirurgia.

Durante a cirurgia de colocação de ponte de safena, o paciente é ligado a um coração e a um pulmão artificiais. Todo o seu sangue é purificado e então reinjetado no corpo. Apesar da complexidade e do perigo desse procedimento, muitas pessoas parecem resolutas no que diz respeito à doença da artéria coronária e à cirurgia. Elas parecem não entender que, se fizessem algumas mudanças em sua vida, poderiam não precisar de cirurgia. Isso se aplica também aos que sobreviveram à dolorosa e difícil experiência do pós-operatório. Essas pessoas, mesmo depois de passar por uma anestesia geral por longos períodos de tempo e de suportar uma considerável invasão do seu corpo, ainda assim não entendem que precisam fazer algumas mudanças em sua vida se não quiserem que suas artérias fiquem entupidas novamente.

Conheci uma mulher que passou por três cirurgias de colocação de ponte de safena. Não sei se casos como o dela se devem à incompetência da comunidade médica – alguns médicos não dizem ao paciente o que pode ser feito e que hábitos têm de ser mudados – ou se algumas pessoas simplesmente não querem ouvir a verdade. Elas não querem fazer o tremendo esforço de mudar seu estilo de vida para prevenir a doença, a cirurgia ou até a morte.

Quando era um médico convencional, o dr. Deepak Chopra comentou com um paciente que, se ele deixasse de fumar, mudasse seus hábitos alimentares e praticasse exercícios físicos, poderia sair da unidade de terapia intensiva. O paciente respondeu que a sogra lhe dissera a mesma coisa, mas ele não lhe dera ouvidos.[4] Essa resposta fez com que o dr. Chopra passasse a refletir. Pouco depois disso, ele começou a estudar a medicina ayurvédica, um antigo conhecimento indiano sobre as mudanças bioquímicas resultantes de mudanças no estilo de vida. Deepak Chopra ficou conhecido por seus livros e artigos sobre o assunto e fundou o Centro Chopra para o Bem-estar em La Jolla, Califórnia, para atender pessoas com doenças graves. A maioria de seus pacientes provêm de instituições médicas convencionais, nas quais tendem a piorar em vez de melhorar. Chopra era um médico norte-americano convencional e combinou sua formação com uma filosofia decididamente não-tradicional. Muitas pessoas que concluem a formação tradicional em medicina ou enfermagem convencionais não são abertas ou expostas a novas abordagens preventivas e de bem-estar. Eu nunca fui. Durante meu curso, meu único contato com conhecimentos sobre nutrição consistiu da aprendizagem sobre a alimentação para diabéticos. Comecei a estudar nutrição por conta própria, porque achei que devia haver alguma ligação entre a má alimentação e a doença e entre a boa alimentação e a saúde. Ao trabalhar com meus pacientes, isso se tornou óbvio para mim. Não obstante, estamos numa situação em que não só a maioria dos pacientes resiste à mudança e ao novo pensamento, mas também muitos médicos. Muitos de nós, *em ambos os lados da cerca*, resistimos a mudar a nossa maneira de pensar, nossos hábitos, nossa ciência médica e nosso currículo médico escolar.

Se você não está bem, pergunte-se: "Tenho praticado exercícios físicos? Quanto? O que posso fazer para incluir os exercícios em minha vida?" É importante fazer algo de que se goste. Algumas pessoas gostam de ter aulas de ginástica ou de andar de bicicleta com os amigos, ao passo que outras preferem caminhadas solitárias e corridas. Cada um precisa definir o que é melhor para si.

O maior problema para a maioria das mulheres é encontrar tempo. Embora fosse ótimo poder praticar uma hora de exercícios físicos por dia, todas temos uma carreira, filhos, pais idosos, pessoas doentes na família e outras realidades que fazem essa possibilidade de encontrar um tempo no nosso dia-a-dia parecer ridícula. É aí que entra a necessidade de considerar nosso bem-estar como uma prioridade e mudar nosso modo tradicional de pensar.

E por falar em pensamento tradicional, nenhum outro assunto propiciaria melhor oportunidade para uma boa alfinetada do que o da nutrição. Quantas vezes um paciente procura auxílio médico e recebe uma prescrição para um medicamento, quando o que o médico devia ter aconselhado era que o paciente marcasse hora com um nutricionista? No que diz respeito ao bem-estar e à alimentação, muitos de nós nunca reparamos como ambos estão relacionados. Pense bem em como a expressão "comida da mamãe" costuma estar ligada a afeto materno e a um molho suculento acompanhados de uma deliciosa torta caseira. O molho, neste contexto, quer dizer engordurado, e as tortas são cheias de açúcar. Minha avó, a quem eu adorava, fazia muitos bolos e doces de chocolate, e eu comia até me lambuzar. Recentemente, comi uma caixa de bombons porque estava chateada com alguém. Na manhã seguinte, me senti péssima. Derramei água no meu vestido, logo que comecei a trabalhar, e fiquei desorientada porque o chocolate estava carregado de açúcar. No fundo, eu sabia que estava satisfazendo meus sentimentos e não comendo para saciar a fome. Não devemos usar, *ou abusar*, da comida para afastar o *stress*. Ao contrário, a comida teria de ser utilizada como um instrumento de cura. Podemos incluir inúmeras técnicas de redução do *stress* em nossa rotina, mas comer demais não deveria ser uma delas. Realmente, precisamos ter cuidado com a comida, porque, às vezes, abusar dela tem um efeito de bumerangue. Nós comemos para nos sentir bem, mas acabamos sofrendo com a obesidade e com as artérias entupidas, o que não nos faz sentir nada bem.

Algumas comidas causam doenças. Comidas com elevado teor de gordura animal – presente na carne vermelha, no queijo, no sorvete e no molho da mamãe – dão margem a muitas questões. Minha maior preocupação em relação à carne vermelha, no entanto, é: com o que as vacas estão sendo alimentadas? Que tipo de nutrição elas recebem? O que é injetado nas vacas, em termos de hormônios e outras drogas? E quanto aos frangos, então? Atualmente, as pesquisas sugerem que têm sido identificados procedimentos nutricionalmente devastadores nos produtos derivados do frango.[5] Esses produtos perdem totalmente a graça depois que se lêem algumas dessas pesquisas. Há muitas coisas que não sabemos sobre o que acontece aos animais que comemos.

Mesmo que os frangos sejam saudáveis, existe bastante gordura em sua pele. Em alguns casos, talvez fosse melhor comer camarão ou outro molusco em vez de carne de frango, porque, embora o camarão tenha colesterol, não tem gordura animal. Sempre que você comer carne de galinha, retire a pele, senão acabará ingerindo tanta gordura quanto a da carne vermelha.

Quando pergunto às minhas pacientes quanta gordura elas comem, elas costumam dizer que não comem carne vermelha. Mesmo assim, não conseguem perder peso, têm pressão alta, problemas no coração, níveis variáveis de colesterol e uma relação HDL/LDL pouco saudável. Elas comem queijo diariamente e pensam que queijo não tem gordura. Não sei de onde as pessoas acham que vem o queijo, mas ele vem do leite de animais e costuma ser um dos maiores responsáveis por dietas com alto índice de gordura.

Se você reduzir a quantidade de gordura animal em sua alimentação, poderá prevenir a doença do coração e ataques apopléticos, assim como alguns tipos de câncer. A gordura produz um acréscimo de placas nos vasos sanguíneos, o que faz diminuir o fluxo de sangue para o coração. Não havendo oxigênio e fluxo sanguíneo suficientes para o músculo do coração, ocorre o ataque cardíaco. Os ataques apopléticos acontecem em condições semelhantes.

A gordura está relacionada a muitos tipos de câncer. Entre os japoneses, a incidência de câncer intestinal e de mama é muito baixa. Quando os japoneses imigram para os Estados Unidos e começam a comer a gordura característica da alimentação norte-americana, a incidência de doenças cardíacas, de câncer de mama e de intestino aumenta drasticamente.[6] Eu acredito que haja outros fatores que contribuem, como o estilo de vida estressante, mas, com certeza, a alimentação é um dos principais fatores. A doença – e o bem-estar – são sempre multifatoriais. Os efeitos associados de alimentação, nutrição, exercícios físicos, hábitos de trabalho (trabalho braçal ou sedentário) e o *stress* contribuem tanto para a doença como para o bem-estar.

Há nove calorias em um grama de gordura, mas apenas quatro em um grama de proteína ou carboidrato. Quando você realmente quer um sanduíche, seria melhor satisfazer-se com carboidratos ou proteínas. O corpo não metaboliza facilmente a gordura, mas a aloja nos músculos e nos tecidos, o que faz com que seja quase impossível queimá-las. Essa notícia deveria interessar às pessoas que vivem fazendo dietas.

No que diz respeito a alimentos que produzem doenças, o açúcar assume proporções imensas, às vezes maiores do que qualquer outro alimento.[7] Quando ingerimos açúcar, o pâncreas é forçado a descarregar uma quantidade maior que o normal de insulina no corpo. Quando o pâncreas libera mais insulina, nosso nível de açúcar no sangue cai, causando hipoglicemia. Por fim, o pâncreas, conduzido a um nível antinatural de excesso de trabalho, naufraga num mar de açúcar, e o resultado é o diabetes. O açúcar é um assassino lento e silencioso. Se você deixar um dente humano num vidro qualquer de refrigerante à base de cola (que é puro açúcar) durante a noite, verá que ele ficou corroído na manhã seguinte. Além disso, no corpo proliferam bactérias que adoram açúcar. No seu livro, *The Yeast Connection*, o dr. William Crook explica como o açúcar fermenta no nosso corpo.[8] As pessoas que consomem muito açúcar – ou cerveja, queijo e vinho, que também fermentam no corpo – ficam com açúcar no intestino, onde ele fermenta e cresce. Por fim, desenvolvem levedura crônica no intestino; a levedura passa para a circulação sanguínea e destrói a reação imunológica. O dr. Crook desenvolveu suas teorias sobre o "efeito levedura" depois de observar muitos pacientes com alergias, sinusite e asma. Ele tratou dessas alergias inúmeras vezes, em vão; então decidiu descobrir qual era, afinal, sua causa.

O dr. Crook manteve seus pacientes numa dieta isenta de levedura e de açúcar e instruiu-os a ingerir acidófilos diariamente. O acidófilo cria lactobacilos, que são o principal ingrediente do iogurte. A presença de lactobacilos suprime as bactérias. Se você tiver lactobacilos em grande quantidade no seu organismo, não cultivará levedura. Os pacientes do dr. Crook tomavam acidófilos três vezes ao dia, na forma líquida ou em comprimidos, assim como ácido caprílico ou Nistatina, que matam a levedura de dentro para fora, e essa dieta purificou seu organismo. Eles começaram a melhorar. Sugeri esse programa alimentar a muitas pacientes. (Elas tomavam Nistatina, se o ácido caprílico não funcionasse. A Nistatina é um produto vendido sob prescrição médica, e sempre experimento primeiro o produto natural, o qual, neste caso, é o ácido caprílico.) As pacientes me informaram que os sintomas desapareceram, incluindo sinusite, infecções crônicas por levedura, síndrome do cólon irritadiço e fadiga. As pacientes começam a sentir-se bem e perdem peso, porque, é claro, não estão ingerindo açúcar e, em vez disso, se alimentam com produtos naturais. Na nossa cultura, temos uma espécie de bloqueio mental no que se refere ao açúcar. Não conseguimos ver o perigo que ele representa, por mais evidente que pareça. Quando se serve um bolo enorme numa festa, as pessoas tendem a se alegrar, embora a reação mais apropriada talvez fosse recuar de medo.

Além da gordura e do açúcar, alguns conservantes podem ser nocivos. Não sabemos exatamente o que existe em alguns conservantes alimentares, e alguns não são produtos naturais. Também não compreendemos totalmente, ainda, os efeitos dos praguicidas e de numerosas outras toxinas externas.

O álcool é uma toxina que ingerimos por livre e espontânea vontade. Ele destrói o fígado e a reação imunológica, assim como a maconha, a heroína e a cocaína. É como se essas substâncias pusessem o corpo num liquidificador. Primciro estimulam, depois deprimem, e o organismo inteiro – as glândulas supra-renais, a glândula pituitária, a tireóide – fica realmente desequilibrado. Se as coisas não estão em equilíbrio, o corpo não funciona corretamente e adoece. Toda doença é um sintoma de algo que está em desequilíbrio.

Os legumes e as frutas contribuem para o bem-estar porque contêm vitaminas e fibras. Em outras culturas do mundo, as pessoas consomem muitas frutas e legumes porque é o que encontram ao seu redor. Elas não têm uma infinidade de alimentos prontos, enlatados, superadoçados, salgados, processados quimicamente, tecnologicamente desidratados para escolher. As fibras das frutas e dos legumes *crus* ajudam a eliminar as toxinas do organismo, de forma que tudo continua se movendo pelo corpo, em vez de entupi-lo. Uma alimentação à base de muitas fibras pode diminuir a incidência de diverticulite, uma inflamação do intestino. Estamos falando sobre alimentos crus, não enlatados, congelados ou pré-cozidos. Além do mais, a melhor maneira de prepará-los é cozinhá-los no vapor e refogá-los rapidamente.

Com respeito às gorduras, há determinados tipos de gorduras de que precisamos. As gorduras "boas" são encontradas nos óleos de peixe e no azeite de oliva, as quais contribuem para baixar o nível de colesterol e a relação HDL/LDL (veja no capítulo 8 a explicação sobre a relação HDL/LDL). Sempre haverá colesterol no corpo, e ele se apresenta de duas maneiras: como lipoproteína de alta densidade (HDL) e como lipoproteína de baixa densidade (LDL). O ideal é que o nível de HDL seja alto e o de LDL baixo. Se a relação entre um nível e outro for equilibrada assim, é porque o seu fígado está conseguindo eliminar as gorduras ruins dos vasos sanguíneos. Se a relação for invertida, com baixo HDL e LDL elevado, isso quer dizer que o seu fígado não está eliminando efetivamente os maus elementos, os quais tenderão a aderir às paredes dos vasos sanguíneos.

Todos nós produzimos naturalmente algum grau de colesterol, independentemente do que comemos. Algumas pessoas têm uma predisposição genética para o colesterol elevado, mas os níveis podem ser baixados com medicamentos. Para a maioria delas, contudo, os níveis de colesterol dependem do que elas comem, da prática de exercícios físicos e das toxinas que permanecem em seu corpo. A relação HDL/LDL se mantém num nível adequado quando nos alimentamos com pouca gordura animal, praticamos exercícios físicos regularmente, procuramos aliviar o *stress* e ingerir uma baixa quantidade de toxinas (como álcool e cigarros). Como já dissemos no capítulo 8, as mulheres na menopausa podem ficar mais propensas a doenças do coração, uma vez que perdem estrogênio. A relação HDL/LDL delas se inverte porque o estrogênio nocivo torna o corpo menos capaz de eliminar a gordura ruim do fígado. Cápsulas de óleo de linhaça, como também o azeite de oliva, ajudam a manter a relação HDL/LDL correta.[9] Existem medicamentos químicos que você pode tomar na menopausa e quando estiver com o colesterol alto, mas eu sempre experimento primeiro os produtos naturais, *especialmente remodelando a alimentação.*

Seja você vegetariana ou macrobiótica, ainda assim precisa de algum tipo de proteína. Feijão com arroz combinados são uma boa fonte de proteínas, assim como o tofu, queijos magros e iogurte. As nozes, embora contenham gordura vegetal, são boas porque não têm gordura animal. Novamente, como já dissemos nos capítulos anteriores, o nível de açúcar no sangue mantém-se constante se você ingerir proteínas a cada duas ou três horas. Carregando nozes e passas para beliscar a cada três horas, mais ou menos, você elimina seu risco de sofrer de hipoglicemia. O importante é nos conscientizarmos da seguinte verdade: a comida que colocamos no corpo altera a nossa bioquímica. Não existe atalho, nem como se enganar, nem adianta querer se perder em racionalizações a respeito.

A Associação Dietética Americana recomenda o que chama de o "Triângulo" de carboidratos, proteínas e gorduras. A base do triângulo, sua parte maior, é composta daquilo de que você precisa mais: 60 por cento de carboidratos. As proteínas devem ficar entre 20 e 30 por cento, no meio do triângulo da alimentação. O topo do triângulo, os restantes 10 a 20 por cento, compõe-se das gorduras, e isso é uma alimentação balanceada. No passado, nossa alimentação tinha gordura na base do triângulo e carboidratos no topo, o que literalmente dá origem à doença. Assim, quando você for às compras, procure frutas e legumes frescos, arroz integral, batatas, macarrão, pães e cereais. Os pães e cereais devem ser de grão integral, uma vez que a farinha refinada não tem nenhum valor nutritivo. E também não há nenhum valor nutritivo no açúcar. As pessoas supõem erroneamente que o açúcar seja um carboidrato, mas não é. É altamente calórico, mas nutricionalmente nulo. Ele estimula a atividade por algum tempo, de maneira enganadora, mas por fim você desaba.

Quando não obtemos vitaminas suficientes por meio da comida que consumimos, precisamos de complementos de vitaminas. Dependendo da preferência pessoal, encontramse vitaminas solúveis em água ou em gordura. As vitaminas solúveis em água são a B e a C, eliminadas facilmente ou excretadas do organismo quando não necessárias. Ao tomar vitaminas de potência elevada, você nota que sua urina fica amarela. Alguns médicos alegam que tomar vitaminas é um desperdício de esforço, porque elas acabam se perdendo na urina. Inversamente, alguns pacientes parecem se recuperar de todo tipo de doenças com doses altas de vitamina C.

As vitaminas diferem quanto aos níveis de toxicidade. A overdose de vitamina B pode provocar deficiências neurológicas, o que prova que a complementação vitamínica não é um terreno em que, se um pouquinho é bom, muito será maravilhoso.

As vitaminas A e E são solúveis em gordura, o que significa que são armazenadas nas células de gordura e, portanto, não são facilmente excretadas. O corpo tende a retê-las, e elas podem atingir níveis tóxicos. Pacientes com acne devem ter cuidado com doses altas de vitamina A. Essa vitamina produz curas magníficas para a pele, mas não em doses tóxicas. Legumes amarelos, como a cenoura e a abóbora, são fontes naturais de vitamina A. A vitamina E ajuda a manter sadia a relação HDL/LDL e também a amenizar os sintomas da TPM. Alguns pesquisadores acham que ela previne o câncer, enquanto outros acreditam que mantém um impulso sexual saudável.[10] Há inúmeras teorias sobre o que as vitaminas podem e não podem fazer. Cada pessoa, individualmente, deve avaliar essa infinidade de teorias sobre as vitaminas, separando o joio do trigo e decidindo o que é melhor para si. O melhor critério que temos para julgar as terapias à base de vitaminas é chamado de *intuição.*

Para manter o bem-estar, precisamos incluir muito líquido na alimentação, e o melhor deles é mesmo a água. Nos lugares onde existe poluição, sugiro o consumo de água mineral engarrafada. A velha e básica água comum não só é eficaz para hidratar o corpo, como também evita a desidratação. As partes pensantes do nosso cérebro não funcionam bem quando estamos desidratados. A bexiga não funciona, os outros órgãos reduzem sua atividade, as toxinas proliferam e a pele e o cabelo ficam secos.

Espiritualidade e Saúde

Cada pessoa deve encontrar seu próprio caminho para o bem-estar, com base em suas convicções. O fato de adotarmos algumas técnicas exteriores visando ao bem-estar (como comer brotos de couve, por exemplo) não quer dizer que estamos garantindo uma saúde ideal, porque os fatores internos, espirituais, também são envolvidos. Quando penso na cura, penso na mente, no corpo e no espírito como uma trilogia; devemos recorrer aos três para alcançar o bem-estar. Para você chegar a um consenso a respeito disso, precisa experimentar tudo o que funcione no seu caso, seja meditar, tocar ou ouvir música, orar, passear com alguém em meio à natureza, fazer arte, escrever, praticar exercícios físicos ou o que quer que tenha um significado para você e que a ajude a alcançar a energia para o bem-estar. O dr. Bernie Siegel, autor de *Love, Medicine and Miracles,* sustenta que a oração pode trazer a paz mental, consolo e força interior, os quais são todos remédios muito poderosos.[11] Ao nos voltarmos para uma fonte dentro de nós, a qual sabemos que atua a nosso favor e nos dá paz, somos mais capazes de lidar com o *stress*, permanecendo com a reação nervosa parassimpática e aumentando assim a reação imunológica. Minhas pacientes com doenças letais que se curaram colocam o processo espiritual no topo da lista entre os recursos de que dispõem. Na maioria das vezes, nos consultórios médicos ocidentais, a via espiritual é ignorada, mas a meu ver trata-se de uma parte integrante da saúde holística.

Joan Borysenko escreveu vários livros sobre psiconeuroimunologia (PNI) nos quais ressalta o processo espiritual como uma parte importante do bem-estar.[12] Por exemplo, ela indica como os Alcoólicos Anônimos são um instrumento importante para seus integrantes expressarem seus sentimentos, chegar ao perdão e liberar os ressentimentos, mostrando como essa postura eleva a reação imunológica. Eu, pessoalmente, descobri que preciso de um processo espiritual para alcançar o bem-estar, porque ele ajuda a romper as barreiras entre a mente e o corpo. Em *The Spirituality of Imperfection*, os autores Ernest Kurtz e Katherine Ketchum citam o fundador dos Alcoólicos Anônimos, Bill Wilson, que disse: "Precisamos encontrar um sentido espiritual na vida; caso contrário, morremos."

Nosso corpo sempre nos dirá como se sente em relação aos exercícios físicos, à alimentação e ao *stress*; portanto, ouça a si mesma. É possível alcançar o bem-estar por uma variedade de abordagens, não há um único caminho que leve a Roma. A sensibilidade pessoal deve emanar da sua voz interior.

10

Quem é o responsável: a autodefesa? De modo algum!

Na minha posição no atendimento a pacientes de um grande e movimentado hospital, acostumei-me a receber chamadas desesperadas, mas daquela vez a chamada me pareceu mais urgente e angustiada do que o habitual. Tratava-se de dois cirurgiões, pedindo que eu conversasse com uma paciente que estava prestes a ser submetida a uma cirurgia de emergência. Corri para o andar indicado, sem saber exatamente o que esperar. Encontrei a sra. Smith sentada na cama, cercada de enfermeiras e assistentes. Em sua perna esquerda via-se uma úlcera do tamanho de um melão – uma úlcera de estase que se desenvolvera como resultado de má circulação. O tratamento normal seria a limpeza com compressas salinas, mas a sra. Smith demorara demais para buscar ajuda, de modo que não havia nada que se pudesse fazer.

– Está tão infeccionado que já tem larvas ali! – explicou uma das enfermeiras. – Nós a limpamos com Betadine e desinfetamos diariamente, mas está difícil de melhorar. Eu nunca tinha visto larvas num hospital antes, mas mantive a compostura.

– Eles querem amputar a minha perna – disse-me a sra. Smith. – Mas eu não vou deixar.

– Sra. Smith – começou o dr. Wade, o cirurgião-chefe –, se não amputarmos agora, a senhora vai morrer.

– Eu não me importo – respondeu ela. – Não quero que amputem a minha perna.

O dr. Wade me chamou de lado, dizendo:

– Converse com ela, por favor.

Eu expliquei a ele que, se a paciente não quisesse a amputação, não podíamos fazê-la.

– Faça-a entender que ela vai morrer se não deixar – ele me informou, afastando-se impaciente.

Pedi a todos que saíssem para eu poder conversar com a sra. Smith calmamente. Expliquei-lhe ser quase certo que ela morreria se não concordasse com a amputação.

– Não estou preocupada com isso – disse ela, e olhou pela janela, não para ver as árvores e o trânsito, mas para contemplar na memória um tempo muito longínquo, fazendo uma careta de dor pelo que quer que tivesse visto. – Minha mãe passou os últimos anos da vida com ambas as pernas amputadas, numa cadeira de rodas, e não vou viver daquele jeito. Era um pesadelo para ela. E para mim também. Prefiro morrer a viver daquele jeito.

– Tem certeza de que entendeu que pode morrer? – tentei uma última vez. Ela inclinou a cabeça em resposta. – Preciso ter certeza de que a senhora entendeu bem a situação.

Ela havia entendido.

Eu saí para encontrar os cirurgiões. Disse-lhes que não podíamos operar sem a permissão dela e que ela não a daria. Eles ficaram furiosos.

– Você trabalhou como enfermeira cirúrgica – um deles vociferou para mim. – Como pode permitir uma coisa dessas? O que há com você?

Intimidada e tremendo, repeti a eles que não dependia de nós. A decisão era dela, ela estava consciente e sabia o que estava fazendo.

– Isso é ridículo – murmurou o dr. Wade, enquanto ambos se afastavam, furiosos.

Durante 21 dias, diariamente, as enfermeiras limpavam o abscesso da sra. Smith com anti-sépticos. Inexplicavelmente, ele começou a sarar. Agora que entendo a psiconeuroimunologia, estou certa de que a atitude determinada da paciente, aliada ao atendimento cuidadoso das enfermeiras – limpando a ferida para livrá-la dos tecidos deteriorados, de forma que os tecidos novos e saudáveis pudessem se desenvolver – permitiram que a cura acontecesse.

No vigésimo oitavo dia, a sra. Smith deixou o hospital com as próprias pernas, completamente curada da úlcera que ameaçara sua vida.

Essa experiência me acompanhou por muitos anos, iluminando minha crença sobre o papel do espírito humano na saúde física. Meu pensamento a respeito da ligação entre espírito e a saúde nunca mais foi o mesmo depois disso. Meu próprio ponto de vista tornou-se mais maleável, em vez de rígido e fixo. A sra. Smith me ensinou que muitos fatores contribuem para a cura, além dos fatores óbvios que os profissionais aprendem nas aulas de química ou de anatomia.

Anos mais tarde, depois que eu me tornara uma enfermeira independente e abrira meu consultório de atendimento a mulheres, pensei na sra. Smith quando recebi outro telefonema desesperado.

Anna, uma paciente minha, estava me ligando de uma clínica movimentada que oferecia serviços de internação para tratamentos de clínica geral. Ela sentia dor de ouvido havia vários dias e procurara a clínica pensando ser uma infecção no ouvido. O médico que a atendeu lhe disse que precisava de um exame vaginal para determinar se a causa da dor de ouvido não seria uma infecção de levedura.

– Eu quis sair correndo para contar isso a você – disse Anna ao telefone. – Já ouviu falar de fazer um exame vaginal para tratar de dor de ouvido?

– Não me parece adequado – respondi. – O que você pretende fazer?

– Bem... – Ela começou a chorar. – Eu já deixei que ele fizesse o exame vaginal.

– Por que você deixou, se sua intuição lhe disse que isso não tinha sentido? – perguntei.

– Eu não sei – ela chorava –, mas ele não encontrou infecção de levedura.

Eu chorei junto com ela, que me sussurrou uma resposta:

– Ele é médico, você entende?

Eu lhe disse para procurar o responsável pela clínica imediatamente e explicasse o que acontecera. Ela desligou o telefone, chamou o chefe da administração e lhe contou sobre o exame. O médico foi demitido no mesmo dia.

Um médico que se portou mal foi demitido porque Anna decidiu *ouvir sua voz interior,* da mesma maneira que a perna da sra. Smith foi salva porque ela *ouviu a dela.*

Como poderemos começar a ouvir a nós mesmas, sem perder nossa dignidade e nossas escolhas?

Se Quebrar, Conserte

Existe um velho ditado que diz: "Se não estiver quebrado, não conserte." Se a maneira como lidamos com o setor da saúde não está funcionando a nosso favor, então o oposto é verdadeiro. A coisa *está* quebrada; então, *precisamos* consertá-la. Mas como devemos encarar a tarefa?

As mulheres podem interagir em pé de igualdade com os profissionais de saúde que as atendem, *mas não por magia.* Precisamos fazer escolhas difíceis, escolhas que sabemos que são certas para nós, e não que poderiam ser certas para quem quer que seja, ou que todo mundo nos diz para fazer, ou que a sociedade nos indica como boas. Precisamos ser as nossas próprias pesquisadoras; para isso, temos de coletar o máximo de informações possíveis, pesquisando em livros e conversando com quem pudermos. Para "consertar", temos de ser as nossas próprias defensoras e assumir a responsabilidade pelos nossos atos em vez de aceitar tudo com passividade.

O aspecto primordial e mais importante reside não nos detalhes legais dos direitos do paciente, dos erros médicos ou da deficiência dos hospitais. Na verdade, trata-se do que se encontra bem no fundo de nossa mente: o pensamento. O primeiro passo que precisamos dar é no sentido de sermos mais flexíveis e nos mostrarmos dispostas a mudar nossa mentalidade quanto à infalibilidade do sistema atual. Se conseguirmos mudar nossa maneira de pensar sobre como está ou como deveria ser o tratamento da saúde, então poderemos começar a dar passos concretos no sentido de cuidar melhor de nós mesmas. Contudo – e esse é o ponto-chave – *não devemos esperar até ficarmos doentes, tensas com a doença e receosas em face de medos desconhecidos.* Depois de ficarmos doentes, o fator medo exerce muita influência. Assim como o bem-estar, a autodefesa deveria começar a se manifestar na nossa vida bem antes de adoecermos, de modo a ter um pensamento aberto para podermos falar claramente quando vier uma crise.

A simples vigilância e a atenção cotidiana são ferramentas adequadas. Não é preciso ser um advogado ou um professor instruído para conseguir fazer perguntas simples. Por exemplo, provavelmente todas nós já ouvimos falar, ou passamos pela experiência, do hábito que alguns médicos têm de pedir exames e terapias desnecessários, às vezes em suas próprias instalações. Se desconfiarmos desses exames, podemos informar o Conselho de Medicina da região ou do Estado ou outra entidade jurídica oficial do gênero. Esses órgãos têm interesse em investigar essas questões.

Num certo sentido, tácita e ingenuamente, permitimos que nos tornássemos vítimas do sistema de saúde, e é isso que precisamos consertar. Como podemos culpar os médicos quando não melhoramos se deixamos que eles nos digam o que fazer com nosso corpo e aceitamos sem pestanejar tudo o que nos dizem? Seria melhor se atuássemos *em parceria com os médicos*, e, quando eles não permitissem que isso acontecesse, poderíamos procurar outros profissionais. Desse modo, começaremos a nos sentir confiantes em relação ao sistema, em vez de desprezadas por ele.

A situação atual se instalou ou evoluiu a tal ponto que

os médicos, de uma maneira ou de outra, são venerados – talvez menos agora do que antes, mas ainda assim demais. Espera-se que os médicos olhem para o paciente e declarem gravemente: "Eu sei mais do que você, e você tem de me escutar, senão irá sofrer, ou mesmo morrer." Em resposta, os pacientes podem começar a se afastar, deixando de procurar ajuda. Podem deixar de fazer perguntas, e, se não fazem perguntas, tornam-se vítimas sem voz ativa. *Se não têm voz ativa, concluem que não têm nenhuma responsabilidade por seu próprio bem-estar.* Isso nos empurra – nós, os profissionais de saúde – para o papel de ter de saber tudo. Eu achava que devia ter todas as respostas, porque as pessoas esperavam isso de mim. Quando comecei a lhes atribuir responsabilidade por si mesmas, elas ficaram preocupadas. Agora as pessoas me procuram *porque sabem que serão desafiadas*. Elas serão levadas a refletir sobre como podem melhorar sua saúde sem esperar minha opinião. Eu lhes dou uma grande quantidade de informações e elas fazem suas próprias escolhas.[1]

As atitudes culturais reforçam de muitos modos o sistema de saúde como instituição. Quando estou com minhas pacientes, nunca uso a palavra "paciente" em nossas conversas. Na presença delas, digo-lhes que são "clientes". Quando as pessoas são tratadas diretamente como "pacientes", existe a conotação de que estão "doentes", e não gosto de que as pessoas entrem no meu consultório imaginando que estão "doentes". Prefiro deixá-las pensar que têm o potencial de ficar bem. O que elas têm é um desequilíbrio, e desequilíbrios podem voltar a ser equilíbrios.

As pessoas têm me informado que nas instituições nacionais de saúde dos Estados Unidos os pacientes não recebem mais a camisola típica dos hospitais. Eles trazem suas próprias roupas, arrumam sua cama, quando possível, e recebem informações e instruções sobre o próprio tratamento. Quando saem do hospital, são capazes de cuidar de si mesmos, porque não foram infantilizados. Na Unidade Planetree do Hospital Modelo de San Francisco, Califórnia, os pacientes usam as próprias roupas, dormem em lençóis floridos e podem escrever numa prancheta, se quiserem. Os parentes têm permissão para visitá-los, quando for conveniente para o paciente, e cozinhar para o ente querido numa cozinha familiar especial; eles também aprendem a trocar a roupa do paciente e da cama e a pendurar os tubos intravenosos, se quiserem. Dessa maneira, já sabem o que fazer quando ele voltar para casa. Práticas semelhantes estão sendo adotadas no Commonweal Cancer Help Program, em Bolinas, Califórnia, e é possível encontrar mais informações sobre outros programas na American Self-Help Clearinghouse, em Denville, Nova Jersey. O dr. Michael Lerner, co-fundador do Commonweal Cancer Help Program, acredita que há níveis diferentes de cura: o biológico, o mental e o espiritual. Os pacientes do programa são orientados a descobrir o que podem fazer para melhorar sua qualidade de vida e a relação com a doença. A meta é ensinar-lhes as técnicas de redução do *stress*, de preservação da saúde e de grupo de apoio. A redução do *stress* envolve meditação, ioga, relaxamento profundo progressivo, alongamento e massagem. As relações entre a mente e o corpo são exploradas durante a semana de internação dos pacientes.[2]

Na maioria dos hospitais, os pacientes usam camisolas idênticas, e, para os que cuidam deles, todos parecem semelhantes e são semelhantes. Eles são “a sra. Fulana com pedra no rim". Não são *pessoas* com relacionamentos. Ninguém se incomoda muito com o que eles comem ou com o estilo de vida que tinham antes de se internar. Nós os operamos e os mandamos depressa para casa, esperando que eles cuidem imediatamente de si mesmos. Depois de tê-los colocado numa situação de dependência, esperamos que eles voltem a ser independentes depois de um curto período de transição ou do tempo necessário para se curarem do trauma da cirurgia. Em um sistema de médicos soberanos e de pacientes impotentes, não é de surpreender que o medo afaste as pessoas. Com certeza, está na hora de mudar essa situação.

Medicina Cooperativa

A atual associação da ciência médica moderna com as técnicas antigas é o aparato mais poderoso que os seres humanos já tiveram à disposição no curso da história. A amplitude de técnicas e informações disponíveis neste século é verdadeiramente surpreendente. A relação entre os cientistas modernos e os médicos tradicionais não deve ser de antagonismo. Como consumidores de terapias médicas variadas, podemos exigir que essa relação não seja assim antagônica. Podemos insistir numa *medicina cooperativa*, uma abordagem combinada para todo problema de saúde que tivermos. A confluência pacífica de ambas as filosofias depende de nós, porque, em última análise somos nós que pagamos o preço. Não precisamos permitir que divergências de opiniões profissionais interfiram em nossas escolhas. A perda da capacidade de escolha é muito prejudicial à saúde dos consumidores. Se conseguirmos utilizar o melhor de ambas as abordagens, nossa qualidade de saúde e de vida poderá ser melhorada. *A pedido dos consumidores,* cada vez mais instituições convencionais estão começando a incluir conceitos tradicionais em suas consultas para diminuir os custos. Por exemplo, o dr. Andrew Weil, defensor de longa data da medicina holística, foi designado como diretor do novo Centro de Medicina Integrada da Faculdade de Medicina da Universidade do Arizona, o primeiro programa de pós-graduação para médicos sobre medicina alternativa nos Estados Unidos.[3]

A medicina holística tinha uma imagem ruim até há pouco tempo. O público foi desestimulado de recorrer a abordagens não-convencionais devido à presença de charlatães de toda a espécie, gurus, curandeiros e toda sorte de aventureiros transcendentais. Contudo, à medida que o enfoque holístico entrou cada vez mais em evidência na ciência médica, essa imagem negativa foi mudando. A abordagem holística oferece uma variedade de técnicas sérias que funcionaram para inúmeras pessoas e têm merecido a atenção pública.

Nós abordamos uma boa parte dessas informações neste livro, mas muitas ficaram de fora, e as novas pesquisas alteram nossas concepções o tempo todo. Nenhum médico ou pesquisador tem todas as respostas. O tratamento da saúde está se tornando uma filosofia: cada um tem de encontrar seu próprio conjunto de crenças e ver o que funciona melhor no seu caso. A doença nos leva a perguntar: "Como vou me curar?" Tudo está dentro de nós. Temos de descobrir como encontrar as respostas interiormente e também buscar recursos exteriores. Tornou-se importante para nós, profissionais, lançar mão de todos os recursos disponíveis para encontrar as respostas. Tenho trabalhado no meio médico há mais de trinta anos. Ao longo desse período, cada pessoa contribui com alguma informação que eu não conhecia antes.

Precisamos saber que perguntas fazer. Muitas vezes, quando as pacientes chegam ao meu consultório, não sabem o que perguntar. Elas estão assustadas e temem o pior. Isso se aplica principalmente à minha atividade, porque as mulheres se intimidam diante de um exame ginecológico. Em resposta, tento fazê-las sentir-se seguras e à vontade, o que me ensinou alguma coisa. Não devo parecer uma professora; ao contrário, devo ser como uma estudante. Eu pensava que era boa para diagnosticar, por causa do meu treinamento e da minha intuição, mas agora acredito que, na verdade, sou uma boa ouvinte. Escuto as pacientes e não me sinto tão ameaçada por elas como ficava antes. Eu achava que devia ter toneladas de dados e testes de laboratório, mas hoje sei que nem sempre isso ajuda. As pacientes me procuram porque sabem que minha filosofia é trabalharmos juntas, como uma equipe, para restabelecer o equilíbrio do seu corpo.

Eu estimulo as mulheres a mudarem de médico se não se sentirem bem com ele. Às vezes, você simplesmente sente que alguma coisa não está certa – chame a isso de intuição, de reações do corpo, de aura ou do que preferir. Este é o tratamento de saúde holístico – prestar atenção no que está acontecendo, ouvir você e as reações do seu corpo e pensar no que você pode fazer para sentir-se bem.

Segundo minha concepção, a mente, o corpo e o espírito formam uma trindade. Eles são inseparáveis, totalmente interligados, e quando ficamos doentes precisamos ter consciência de que eles estão interligados.

Há uma variedade de técnicas disponíveis para curar a mente, o corpo e o espírito. Só você sabe o que funciona melhor para você. Se eu disser: "Vá fazer acupuntura", mas você tem medo de agulhas, a acupuntura não serve para você.

Você ficará tensa, ansiosa, e todas as suas células estarão tão bloqueadas que você sentirá isso. Então você terá uma reação de *stress* típica e o sistema imunológico será afetado. Precisamos estar atentas às reações do nosso corpo. Se alguém sugere algo, qual é a reação do seu corpo? Se alguém lhe diz: "Este é o único modo de fazer isso", então é melhor você procurar outra maneira. Não sabemos qual é a "única" maneira. Ninguém sabe. Só você sabe o que é bom para você.

Cada pessoa tem um agente de cura interior que é ativado quando precisamos dele. Ao receber o diagnóstico de uma doença grave, você logo tem uma reação do sistema nervoso simpático – pode sentir vertigem, desmaiar, assustar-se ou ter uma taquicardia. Você se assusta e fica imaginando o que vai fazer, como vai lidar com aquilo. Quando conseguir se acalmar, será mais fácil você sentir o agente de cura interior. Para chegar a esse agente de cura, temos de seguir um caminho individual. O seu não é igual ao de mais ninguém.

Alguns médicos procuram metáforas para a doença e tentam ajudar as pessoas a entender o significado dos sintomas. Uma paciente me disse, uma vez, que sentia uma forte dor na mão. À medida que conversávamos, ela percebeu que precisava "controlar" algo que a estava assustando e desafiando. Depois de definir essa dificuldade em sua vida, a dor na mão cessou. Preste atenção no seu corpo. Ele lhe dirá tudo o que você precisa saber, e se você não puder perceber isso sozinha, procure um profissional de saúde para ajudála no processo, alguém que converse com você, que a toque, ajudando-a a chegar àquele estado de serenidade. Essas são forças poderosas que nós, na medicina convencional, não podemos ignorar mais.

Marlo Morgan é uma médica que foi à Austrália pesquisar as práticas médicas entre os aborígines. Ela permaneceu durante um ano entre eles e escreveu um livro sobre suas experiências, *Mutant Message Down Under.*[4] Embora a história de Marlo Morgan seja ficção, ela me faz lembrar de muitas histórias que vejo regularmente em minha atividade. Os aborígines disseram que lhe dariam um prêmio pelo trabalho que ela tinha feito. Ela se vestiu a rigor para a ocasião, com um conjunto sóbrio, sapatos altos e jóias, e ficou esperando que fossem buscá-la no hotel. Os homens da tribo a levaram para longe do hotel, colocaram-na sentada no meio de um círculo de pessoas, tiraram-lhe as roupas e as jóias e vestiram-na com os trajes nativos. Em seguida, levaram-na para uma caminhada, uma *walkabout*, como dizem lá, a qual durou quatro meses e foi, na realidade, o seu "prêmio". Ela não pôde usar xampu, sabonete, desodorante nem nenhuma outra comodidade, e aprendeu a viver um estilo de vida de subsistência. Ela passou por um período de transição assustador e muitas vezes horripilante. Quando os homens da tribo mataram um animal para comer, utilizaram todas as partes dele, até o último osso, para algum propósito. Nada foi desperdiçado. Eles quase nunca falavam em voz alta, e falavam menos do que as pessoas que a dra. Morgan conhecia, mas se comunicavam usando o que costumavam chamar de "telepatia mental". Eles estavam sempre em contato com processos e sensibilidades intuitivos. Uma noite, um dos homens caiu num desfiladeiro e quebrou a perna. O osso fraturado se projetou para fora da pele. As outras pessoas o tiraram de cima das pedras em questão de minutos e colocaram o osso de volta no lugar. Um casal de curandeiros lhe deu algumas ervas para mastigar e fechou hermeticamente a ferida com uma casca; então, puseram-no para dormir. Depois sentaram-se ao lado dele durante toda a noite, tocando-o e conversando baixinho com ele. De manhã, ele saiu andando sozinho. A dra. Morgan sentiu que havia presenciado aquela gente ajudando seu companheiro a encontrar seu agente de cura interior. Todos nós provavelmente já ouvimos contar histórias, ou lemos em livros, sobre os curandeiros que provocam mudanças físicas em pessoas doentes usando apenas as mãos. Talvez o que a dra. Morgan testemunhou tenha sido o poder do toque no processo da cura. Quando ela finalmente regressou à civilização, viu-se diante de uma grande dúvida: *Quem tem a medicina moderna – eles ou nós?*

Essa história me marcou porque é exatamente assim que vejo meu trabalho como enfermeira – ajudar as pessoas a encontrarem seu agente de cura interior. Posso citar inúmeros casos de pacientes que fizeram acupuntura, massagem, energização, cura pelo toque ou qualquer outro tipo de abordagem complementar como um auxílio no processo de cura. Vejo-me no papel de alguém que pretende ajudar os pacientes a encontrarem seu agente de cura interior, ouvindo sua intuição e acreditando que ela estará lá quando precisarem, podendo recorrer a ela sozinhos ou com a ajuda dos outros.

Eu converso com muitos médicos que se sentem frustrados com a clínica geral e com a maneira de curar as pessoas. Todos nós reconhecemos que temos de buscar outras áreas para ajudar as pessoas a ficarem bem. Só pedir exames de laboratório e indicar a cirurgia não basta. É importante que pacientes e médicos ouçam suas mensagens interiores, porque os pacientes normalmente sabem dizer o que está errado, se lhes dermos ouvidos. Nunca conheci uma mulher que não soubesse que estava grávida. Não preciso fazer um exame de gravidez – eu lhes pergunto se acham que estão grávidas e elas inclinam a cabeça, confirmando. O exame apenas confirma o que elas já sentem. As mulheres também sabem quando algo está errado com seu corpo; mas, infelizmente, não temos o hábito de ouvir nosso corpo, e, até que o façamos, já estamos bem doentes. Muitas vezes, antes do exame de laboratório, você sabe que algo está errado. Você só precisa buscar um profissional em quem confie para ajudá-la a restabelecer o equilíbrio do seu corpo.

Mesmo que você consiga superar todas essas etapas, isso não significa que ficará bem pelo resto da vida. A qualidade de vida que você terá é uma escolha sua; portanto, ouça a si mesma. Você tem todas as respostas.

Ouça...
Ouvir quem?
    A si mesma.
Não posso me ouvir.
Psiu...
Ouça...
    Ouvir quem?
A si mesma.
    Ninguém me amará.
Psiu...
Ouça...
    Ouvir quem?
A si mesma.
    E quanto aos outros?
Psiu...
Ouça...
    Ouvir quem?
A si mesma.
Você tem sorrido?
    Não, faz anos que não sorrio.
    Preciso reaprender a rir.
Vá em frente.
    Seria correto?
Sim... ouça.
    Ouvir quem?
A si mesma.[5]

– Dr. Bernie Siegel
do livro *Peace, Love, and Healing*

Conclusão

Como enfermeira especializada no tratamento da saúde feminina, senti-me motivada a escrever este livro visando oferecer informações e escolhas a uma grande quantidade de pessoas. Tenho me dedicado a ajudar os outros a buscar a verdade e o caminho para se equilibrar como um todo. Este livro baseia-se na minha experiência pessoal e profissional. Não afirmo nada além do que minha formação, minha experiência e minhas pesquisas me ensinaram. Os resultados da pesquisa empírica vêm sendo questionados, por se esperar que conduzam à verdade; devemos continuar procurando a verdade, qualquer que seja o método que nos liberte. Não sou cientista de laboratório, mas sim uma profissional que busca respostas fazendo perguntas. Respeito o fato de que existe muita controvérsia e discussão sobre o que cura as pessoas.

Vamos todos encontrar nosso agente de cura interior.

Notas

CAPÍTULO 2

1. M. Kemeny, G. Solomon, J. E. Morley e T. L. Herbert, "Psychoneuroimmunology", *in* C. B. Nemeroff (org.), *Neuroendocrinology* (Boca Raton, FL: CRC Press Inc., 1992), pp. 563-91.

2. G. F. Solomon, M. E. Kemeny e L. Temoshok, "Psychoneuroimmunologic aspects of human immunodeficiency virus infection", *in* R. Ader, D. L. Felten e N. Cohen (orgs.), *Psychoneuroimmunology II* (Orlando: Academic Press, 1991); Margaret Kemeny, R. Duran, H. Weiner, B. Visscher e J. Fahey, "Bereavement of partner and immune processes in HIV positive and negative homosexual men", Sétima Conferência Internacional sobre Aids, Florença, Itália, junho de 1991; e Margaret Kemeny, R. Duran, S. Taylor, H. Weiner, B. Visscher e J. Fahey, "Chronic depression predicts CD4 decline over a five-year period in HIV seropositive men", Sexta Conferência Internacional sobre Aids, San Francisco, junho de 1990.

3. Margaret Kemeny e George Solomon, "Psychoneuroimmunology", Seminário sobre PNI, Esalen Institute, Big Sur, CA, 8-

10 de outubro de 1993; e A. Amkraut e George Solomon, "Stress and murine sarcoma virus (Moloney)-induced tumors", *Cancer Research*, 1428 (1992), 32.

4. Deepak Chopra, *Ageless Body, Timeless Mind* (Nova York: Random House, 1993); *Perfect Health* (Nova York: Harmony Books, 1991) e *Creating Health* (Boston: Houghton Mifflin, 1991).

5. Robert Ornstein e David Sobel, *The Healing Brain* (Nova York: Simon e Schuster, 1987); Leonard White, Bernard Tursky e Gary E. Schwarz (orgs.), *Placebo: Theory, Research, and Mechanisms* (Nova York: Guilford Press, 1985); e Arthur K. Shapiro e L. A. Morris, "The placebo effect in medical and psychological theories", *in* S. L. Garfield e A. E. Bergin (orgs.), *The Handbook of Psychotherapy and Behavior Change* (Nova York: John Wiley, 1978).

6. Margaret Kemeny e George Solomon, "Psychoneuroimmunology", Seminário sobre PNI no Esalen Institute, Big Sur, CA, 8-10 de outubro de 1993.

7. Steven Locke e Douglas Colligan, *The Healer Within* (Nova York: E. P. Dutton, 1987), p. 33.

8. Entrevista com o dr. Candace Pert *in* Betty S. Flowers (org.), *in Healing and the Mind*, de Bill Moyers (Nova York: Doubleday, 1993), pp. 177-93, encarte de *Healing and the Mind*, Bill Moyers (narr.), David Grubin Productions Inc. (prod.), 1993, transmitida na TV PBS em 1993/94.

9. Dr. David Eisenberg, "Medicine in a mind/body culture", *in Flowers*, pp. 257-71. Eisenberg fez residência num hospital chinês onde era utilizada tanto a medicina chinesa quanto a ocidental, e ele conversou com uma mulher com mama fibrocística que foi curada por meio de massagem aplicada por um médico especialista. Durante muitos anos, ela tinha se tratado com técnicas e medicamentos convencionais, que não funcionaram.

10. Laura Norman com Thomas Cowan, *Feet First: A Guide to Foot Reflexology* (Nova York: Simon e Schuster, 1988), p. 18.

11. Charles L. Votaw, "Morphology of the nervous system as related to trauma", *in* Stanley H. Backaitis, *Biomechanics of Impact*

Injury and Injury Tolerances of the Head-neck Complex (Warrendale, PA: Society of Automotive Engineers, 1993), pp. 27-39; Jeffrey A. Pike, *Automotive Safety: Anatomy, Injury, Testing, and Regulations* (Warrendale, PA: Society of Automotive Engineers, 1990).

CAPÍTULO 3

1. Carlton Fredericks, *The New Low Blood Sugar and You* (Nova York: Putnam, 1985), pp. 117-19.

2. O livro do professor Robert Sapolsky, *Why Zebras Don't Get Ulcers: A Guide to Stress, Stress-related Diseases, and Coping* (Nova York: Freeman, 1994), inclui citações de mais de duzentos estudos veiculados em publicações especializadas, sugerindo importantes ligações entre o *stress* e a doença. Análises das diversas opiniões historicamente contrárias com relação à ligação entre o *stress* e a doença podem ser encontradas em J. P. Henry e P. M. Stephens, *Stress, Health, and the Social Environment* (Nova York: Springer-Verlag, 1977); H. Weiner, *Psychobiology and Human Disease* (Nova York: American Elsevier, 1977); J. Cassel, "Psychosocial Processes and 'Stress': Theoretical Formulation", *International Journal of Health Services*, 4, 1974, pp. 471-82; e Jerome David Frank, *Persuasion and Healing* (Baltimore: Johns Hopkins Press, 1961). A pesquisa mais recente e contundente na área é atribuída a Cannon and Selye, encontrada em Walter Cannon, "The Role of Emotion in Disease", *Annals of Internal Medicine*, 9:2, maio de 1936, e Hans Selye, *The Stress of My Life* (Nova York: Von Nostrand, 1979).

3. Sapolsky, p. 11.

4. Robert M. Rose, "Psychoendocrinology", *in* Jean D. Wilson, M.D., e Daniel W. Foster, M.D. (orgs.), *Textbook of Endocrinology* (Filadélfia: Saunders, 1985), pp. 653-81.

5. S. J. Quinn e G. H. Williams, "Regulation of Aldosterone Secretion", *Annual Review of Physiology*, 50:409, 1988; G. P. Chrousos, T. H. Schuermeyer, J. Doppman, *et al.*, "Clinical Applications of Corticotropin-releasing Factor", *Annals of Internal Medicine*,

102:344, 1985; e D. N. Orth, "Corticotropin-releasing Hormone in Humans", *Endocrine Review*, 13:164, 1992.

6. Daniel D. Federman, "Endocrinology: The Adrenal Gland", *in* Edward Rubenstein, M.D., M.A.C.P. e Daniel D. Federman, M.D., M.A.C.P. (orgs.), *Scientific American Medicine* (Nova York: Scientific American Inc., 1994).

7. Fredericks, p. 28.

8. Fredericks, p. 91.

9. Fredericks.

10. Fredericks, p. 91.

11. Fredericks, p. 95.

12. Dolores Krieger, *Accepting Your Power to Heal: The Personal Practice of Therapeutic Touch* (Santa Fé: Bear and Co., 1993). [*O Toque Terapêutico*, publicado pela Editora Cultrix, São Paulo, 1995.]

13. Steven Locke e Douglas Colligan, *The Healer Within* (Nova York: E. P. Dutton, 1986), pp. 230-31.

14. Marie Cargill, *Acupuncture: A Viable Medical Alternative* (Westport, CT: Praeger Publishers, 1994); Mark Duke, *Acupuncture* (Nova York: Pyramid House Books, 1972).

15. B. K. S. Iyengar, *Light on Yoga* (Nova York: Schocken Books, 1979).

16. Jon Kabat Zinn, *Wherever You Go, There You Are* (Nova York: Hyperion Books, 1994); *Full Catastrophe Living: Using the Wisdom of Your Body and Mind to Face Stress* (Nova York: Delacorte Press, 1990).

17. Andrew Weil, M.D., *Natural Health, Natural Medicine* (Boston: Houghton Mifflin, 1990), pp. 83-90.

18. Margaret Kemeny e George Solomon, "Psychoneuroimmunology", seminário sobre PNI, Esalen Institute, Big Sur, CA, 8-10 de outubro de 1993.

19. Norman Cousins, *Anatomy of an Illness as Perceived by the Patient: Reflections on Healing and Regeneration* (Nova York: Norton Books, 1979); *Head First: The Biology of Hope and the Healing Power of the Human Spirit* (Nova York: Viking Penguin Books, 1990); Anne

Wilson Schaef, *Laugh! I Thought I'd Die (If I Didn't)* (Nova York: Ballantine Books, 1990).

20. Nicholas P. Plotnikoff, Robert E. Faith, Anthony J. Murgo e Robert A. Good (orgs.), *Enkephalins and Endorphins, Stress and the Immune System* (Nova York: Plenum Press, 1986).

21. Steven Locke e Mady Horning-Rohann (orgs.), *Mind and Immunity: Behavioral Immunology* (Nova York: Institute for the Advancement of Health, 1983).

22. O dr. David Spiegel, professor de Psiquiatria e de Ciências do Comportamento, diretor do Laboratório de Tratamento Psicossocial da Stanford University School of Medicine, fez um estudo sobre os efeitos dos grupos de apoio em pacientes com câncer de mama, em 1989, e discutiu os resultados com Bill Moyers em *Healing and the Mind*, Betty S. Flowers (org.) (Nova York: Doubleday, 1993), pp. 157-70, publicação anexa a *Healing and the Mind* (narr.), David Grubin Productions Inc. (prod.), Bill Moyers, 1993, transmitido pela TV PBS em 1994.

23. O dr. Michael Lerner, fundador e presidente da Commonweal, um centro de pesquisas ambientais e de saúde em Bolinas, CA, e co-fundador do Commonweal Cancer Help Program, é membro do Instituto Fetzer e conselheiro de políticas do Instituto de Estudos de Políticas de Saúde da Faculdade de Medicina da Universidade da Califórnia, San Francisco, e uma autoridade reconhecida na área de tratamentos não-convencionais de câncer. Ele foi entrevistado por Bill Moyers para o livro *Healing and the Mind*, Betty S. Flowers (org.), (Nova York: Doubleday, 1993), correspondente à série de televisão.

24. Kemeny e Solomon em Esalen.

25. Carl O. Simonton e Reid Henson, com Brenda Hampton, *The Healing Journey* (Nova York: Bantam Books, 1992), e Stephanie Matthews Simonton e James L. Creighton, *Getting Well Again: A Step by Step Self Help Guide to Overcoming Cancer* (Los Angeles: J. P. Tarcher, 1978).

26. Benton Goldberg Group (orgs.) *Alternative Medicine: The*

Definitive Guide (Puyallup, WA: Future Medicine Publishing Inc., 1993); Michael Murray e Joseph Pizzorno, *Encyclopedia of Natural Medicine* (Rocklin, CA: Prima Publishers, 1991).

27. Locke e Colligan, p. 95.

28. Sapolsky.

CAPÍTULO 4

1. Joan Borysenko e Myroslav Borysenko, *The Power of the Mind to Heal* (Carson, CA: Hay House, 1994).

2. Dr. Joseph Feinberg em Manhasset, N.Y.

3. Melody Beattie, *Codependent No More – How to Stop Controlling Others and Care for Yourself* (Center City, MN: Hazelden Books, 1987); e *Beyond Codependency: And Getting Better All the Time* (San Francisco: Harper, 1989); Pia Mellody, *Breaking Free: A Recovery Workbook for Facing Codependence* (San Francisco: Harper & Row, 1989) e *Facing Codependence: What It Is, Where It Comes from,* How *It Sabotages Our Lives* (San Francisco: Perennial Library, 1989); e Anne Wilson Schaef, *Codependence: Misunderstood-Mistreated* (San Francisco: Harper, 1992).

4. Louise Hay, *The Power Is Within You* (Santa Monica: Hay House, 1991) e *You Can Heal Your Life* (Santa Monica: Hay House, 1987).

5. Carol Gilligan, *A Different Voice: Psychological Theory and Women's Development* (Cambridge, MA: Harvard University Press, 1982).

6. Beattie.

7. Christiane Northrup, *Women's Bodies, Women's Wisdom* (Nova York: Bantam Books, 1994), p. 217.

8. Northrup e Deepak Chopra, *Ageless Body, Timeless Mind* (Nova York: Random House, 1993), *Perfect Health* (Nova York: Harmony Books, 1991) e *Creating Health* (Boston: Houghton Mifflin, 1991).

9. F. G. Giustini, M.D., *Understanding Hysterectomy* (Nova

York: Walker and Co., 1979).

10. Northrup, pp. 73-6.

11. Ken Pelletier, *Mind as Healer, Mind as Slayer* (Nova York: Delacorte Press, 1977), pp. 134-49; A. Justice, "Review of the effects of stress on cancer in laboratory animals: Importance of time of stress application and type of tumor". *Psychological Bulletin,* 98 (1985), 108; F. I. Fawzy, M. E. Kemeny, N. W. Fawzy, R. Elashoff, D. Morton, N. Cousins e J. L. Fahey, "A structured psychiatric intervention for cancer patients. II. Changes over time in immunological parameters", *Archives of General Psychiatry,* 729 (1990), 47: S. M. Levy, R. B. Herberman, A. M. Maluish, B. Schlien e M. Lippman, "Prognostic risk assessment in primary breast cancer by behavioral and immunological parameters", *Health Psychology,* 4 (1985) 99; S. Levy, R. Herberman, M. Lippman e T. d'Angelo, "Correlation of stress factors with sustained depression of natural killer cell activity and predicted prognosis in patients with breast cancer", *Journal of Clinical Oncology, 5* (1987), 348.

12. Northrup, p. 287.

13. Bobbie Aqua, acupunturista licenciado e fitoterapeuta chinês, "Breast Health Workshop", Women's Resources Office, Sag Harbor, Nova York, outubro de 1994.

14. Steven Locke e Douglas Colligan, *The Healer Within* (Nova York: E. P. Dutton, 1987).

15. Borysenko e Borysenko.

CAPÍTULO 5

1. Christiane Northrup, *Women's Bodies, Women's Wisdom* (Nova York: Bantam Books, 1994).

2. Steven Locke e Douglas Colligan, *The Healer Within* (Nova York: E. F. Dutton, 1987), pp. 152-53.

3. Louise Hay, *The Power Within You* (Santa Monica: Hay House, 1991) e *You Can Heal Your Life* (Santa Monica: Hay House, 1987).

4. Susan Love, *Dr. Susan Love's Breast Book* (Boston: Addison-Wesley Publishing Co., 1990).

5. Deepak Chopra, *Ageless Body, Timeless Mind* (Nova York: Random House, 1993), *Perfect Health* (Nova York: Harmony Books, 1991) e *Creating Health* (Boston: Houghton Mifflin, 1991); e Larry Dossey, M.D., *The Power of Prayer and the Practice of Medicine* (San Francisco: Harper, 1993).

6. Michael Castleman, "Doctors Aren't Detecting Cancer in Time", *Redbook*, outubro de 1986, pp. 138-39, 218-22.

7. Irving Ariel, *Breast Surgery, Diagnosis and Treatment* (Nova York: McGraw Hill Book Co., 1987), p. 205.

8. Henry P. Leis, Frederick L. Greene, J. Carlisle Hewitt e James L. Haynes, "The War On Breast Cancer: Prevention and Early Detection", *The Female Patient*, 13, agosto de 1988, pp. 57-62.

9. Love; e Delia Marshall, "Mammograms under 50", *Working Woman, vol.* 19, 10 de outubro de 1994, pp. 41-3.

10. Love, pp. 181-82.

11. Jane Brody, "Some Radiologists Say Evidence Will Emerge in Time", *The New York Times*, Caderno C, 14 de dezembro de 1993, p. 1.

12. Patricia P. Kelly, Ph.D., *Understanding Breast Cancer Risk* (Filadélfia: Temple University Press, 1991).

13. Love, p. 6.

14. Leis.

15. Bobbie Aqua, acupunturista credenciado e fitoterapeuta chinês, "Breast Cancer Seminar", Women's Resources Office, Sag Harbor, NY, outubro de 1994.

16. Aqua.

17. Chopra.

18. Harriet Goldhor Lerner, *Dance of Anger* (Nova York: Harper Collins, 1989).

19. Love, p. 152.

20. Jay M. Gould e Benjamin A. Goldman, com Kate Millpointer, *Deadly Deceit* (Nova York: Four Walls Eight Windows, 1990).

21. Christiane Northrup, M.D., "How to Create Breast Health", *Creating Health Newsletter,* vol. 3, inverno de 1994; Allan Luks e Joseph Barbato, *You Are What You Drink* (Nova York: Villard Books, 1989), pp. 58-78; Matthew Longnecker, "A meta-analysis of alcohol consumption in relation to risk of breast cancer". *Journal of the American Medical Association,* 5 de agosto de 1988, 652-56; Arthur Schatzin, "Alcohol consumption and breast cancer in the epidemiologic follow-up study of the first national health and nutrition examination survey", *The New England Journal of Medicine,* 316, 19, 7 de maio de 1987, 1169-73; W. C. Willett, "Moderate alcohol consumption and the risk of breast cancer". *The New England Journal of Medicine,* 316, 19, 7 de maio de 1987, 1174-79.

22. Luks e Barbato, pp. 58-62.

23. Carlton Frederick, *The New Low Blood Sugar and You* (Nova York: Putnam Publishing Group, 1985); Christiane Northrup, *Newsletter.*

24. Lynne Walker e Ellen Brown, *Breezing Through the Change* (Berkeley, CA: Frog Ltd., 1994), p. 122.

25. Jon J. Michnovicz e Diane S. Klein, How *to Reduce Your Risk of Breast Cancer* (Nova York: Warner Books, 1994), p. 117.

26. Lavon J. Dunne, *Nutrition Almanac* (Nova York: McGraw Hill, 1990), pp. 60-2.

27. Michnovicz e Klein, pp. 109-10.

28. Northrup *Newsletter.*

29. Northrup, *Women's Bodies, Women's Wisdom,* p. 296.

30. Love.

CAPÍTULO 6

1. Entrevista pessoal com a terapeuta sexual Debby Kuriloff, Ph.D., setembro de 1992.

2. Kristen Von Kreisler, "Sexual Healing", *Redbook,* abril de 1993, pp. 86-129.

3. Judith Sachs, *The Healing Power of Sex* (Englewood Cliffs, NJ: Prentice-Hall, 1991).

4. Reed Moskowitz, *Your Healing Mind* (Nova York: Morrow, 1992).

5. Winnifred Cutler, Ph.D., *Love Cycles: The Science of Intimacy* (Nova York: Villard Books, 1991), p. 22. Cutler, uma bióloga pesquisadora, é fundadora do Athena Institute for Women's Wellness em Haverford, PA.

6. Cutler, p. 22.

7. Cutler, p. 19.

8. Sachs.

9. Abraham Maslow, *Toward a Psychology of Being* (Nova York: D. Van Nostrand, Co., 1968).

10. Michael Carrera, *The Language of Sex: An A To Z Guide* (Nova York: Facts On File Inc., 1991).

11. Joan Borysenko, *Guilt Is the Teacher, Love Is the Lesson* (Nova York: Warner Books, 1990). [*Um Livro para Curar o Coração e a Alma*, publicado pela Editora Cultrix, São Paulo, 1996.]

12. Steven Locke e Douglas Colligan, *The Healer Within* (Nova York: E. P. Dutton, 1986), p. 147.

13. Christiane Northrup, M.D., *Women's Bodies, Women's Wisdom* (Nova York: Bantam Books, 1994), pp. 259-61.

14. Allan Luks e Joseph Barbato, *You Are What You Drink* (Nova York: Villard Books, 1989), pp. 57-102; Robert Sapolsky, *Why Zebras Don't Get Ulcers: A Guide to Stress, Stress-related Diseases and Coping* (Nova York: W. H. Freeman, 1994).

15. Sachs.

CAPÍTULO 7

1. Katarina Dalton, M.D., *The Menstrual Cycle* (Nova York: Pantheon Books, 1969).

2. As descobertas de Rollin McCraty foram apresentadas no Congresso Internacional de Montreux sobre Stress em Montreux, Suíça, em março de 1995, e na American Psychosomatic Society, em abril de 1995; Jamie Talan, "It's True – Less Stress Soothes

Body and Soul", *Newsday*, 7 de março de 1995, seção B, p. 36.

3. Susan Lark, *Premenstrual Syndrome Self-Help Book* (Nova York: Forman Publishing, 1984); Ann Nazzaro, *The PMS Solution* (Minneapolis: Winston Press, 1985); Ronald Norris, *PMS: Premenstrual Syndrome* (Nova York: Rawson Associates, 1983).

4. Carlton Frederick, *The New Low Blood Sugar and You* (Nova York: Putman, 1985); Allan Luks e Joseph Barbato, *You Are What You Drink* (Nova York: Villard Books, 1989); Katherine Ketcham e L. Ann Mueller, M.D., *Eating Right to Live Sober* (Nova York: Signet, 1983).

5. Niels H. Lauersen, M.D., e Eileen Stukare, *Premenstrual Syndrome and You* (Nova York: Simon e Schuster, 1983), pp. 64-5.

6. Lynne Walker e Ellen Brown, *Breezing Through the Change* (Berkeley, CA: Frog Ltd., 1994).

7. Women's International Pharmacy, Madison, WI; J. C. Prior, "Progesterone as a bone trophic hormone", *Endocrine Reviews*, 11: 2, maio de 1990, pp. 386-96.

8. Marie Cargill, *Acupuncture: A Viable Medical Alternative* (Westport, CT: Praeger Publishers, 1994); Mark Duke, *Acupuncture* (Nova York: Pyramid House Books, 1972).

9. Paula Weideger, *Menstruation and Menopause: The Physiology and Psychology, the Myth and the Reality* (Nova York: Alfred A. Knopf, 1976).

CAPÍTULO 8

1. Philip Sarel, M.D., *Sexual Turning Points* (Nova York: Macmillan, 1984).

2. John R. Lee, "Osteoporosis Review", *International Clinical Nutrition Review*, 10, nº3, julho de 1990, pp. 384-91.

3. Lynne Walker e Ellen Brown, *Breezing Through the Change* (Berkeley, CA: Frog Ltd., 1994), p. 141.

4. Alan R. Gaby, M.D., *Preventing and Reversing Osteoporosis* (Rocklin, CA: Prima Publishing, 1994).

5. Andrew Weil, M.D., *Self-Healing Newsletter,* 1, 1ª ed., outubro de 1995.

6. Dr. William Castelli, diretor do Framingham Heart Study de Massachusetts, de 35 anos de duração, o mais extenso estudo sobre doenças do coração dos Estados Unidos, citado em Mark Fuerst, "The Cholesterol that Counts", *American Health,* junho de 1992, pp. 77-8.

7. Betty Friedan, *The Fountain of Age* (Nova York: Simon e Schuster, 1993), pp. 472-99; Christiane Northrup, *Women's Bodies, Women's Wisdom* (Nova York, Bantam Books, 1994), "The medicalization of menopause has been very successful", p. 465.

8. Lonnie Barbach, *The Pause: A Positive Approach to Menopause* (Nova York: Dutton, 1993); Sadja Greenwood, *Menopause Naturally* (Volcano, CA: Volcano Press, 1992); Utian H. Wulf e Ruth S. Jacobowitz, *Managing Your Menopause* (Nova York: Simon and Schuster, 1991); Susan Lark, *The Menopause Self-Help Book* (Berkeley, CA: Celestial Arts, 1990); Penny Wise Budoff, *No More Hot Flashes and Other Good News* (Nova York: Putnam, 1983).

9. Walker e Brown, pp. 122-30.

10. Susun Weed, *Menopausal Years* (Woodstock, NY: Ash Tree Publications, 1992).

11. Walker e Brown.

12. Marie Cargill, *Acupuncture: A Viable Medical Alternative* (Westport, CT. Praeger, 1994); Mark Duke, *Acupuncture* (Nova York: Pyramid House Books, 1972).

13. Uma fonte de informações é The Women's International Pharmacy Company, localizada em Madison, WI.

14. Ann Louise Gittleman, *Super Nutrition for Menopause* (Nova York: Pocket Books, 1993).

15. Walker e Brown, p. 122.

16. Gaby; e Gail Sheehy, *The Silent Passage* (Nova York: Random House, 1991), p. 110.

17. Sheehy, p. 111.

18. Lark; e Lynn Murray Willeford, "Menopause Naturally",

New Age Journal. Setembro/outubro de 1995, pp. 151-52.

19. Lila Nachtigall e Joan R. Heilman, *Estrogen: A Complete Guide to Reversing the Effects of Menopause Using Hormone Replacement Therapy* (Nova York: HarperCollins, 1991).

20. Os resultados da experiência com as intervenções estrogênio/progesterona pós-menopausa (PEPI), conduzida pelo Instituto Nacional do Coração, Pulmão e Sangue do Instituto Nacional de Saúde dos Estados Unidos, foram publicados em 17 de novembro de 1994.

21. Walker e Brown, p. 25.

22. Christiane Northrup, *Women's Bodies, Women's Wisdom* (Nova York: Bantam Books, 1994), p. 467.

23. John Lee.

24. Willeford.

25. Margaret Mead, *Male and Female* (Nova York: William Morrow, 1949), pp. 368-84; e Friedan, p. 499.

CAPÍTULO 9

1. John P. Bradley, Leo F. Daniels e Thomas C. Jones, *The International Dictionary of Thought* (Chicago: J. P. Ferguson, 1969), p. 720.

2. Dean Ornish, *Dr. Dean Ornish's Program for Reversing Heart Disease* (Ballantine Books, 1990).

3. Robert Pritikin, *The New Pritikin Program* (Nova York: Simon e Schuster, 1990); Nathan Pritikin com Patrick Grady, *The Pritikin Program for Diet and Exercise* (Nova York: Grosset and Dunlop, 1979).

4. Discurso do dr. Deepak Chopra no The Learning Annex, em Nova York, março de 1994.

5. John Robbins, *Diet for a New America* (Walpole, NH: Stillpoint Publishers, 1987).

6. Artemis Simopoulos, M.D., Victor Herbert, M.D., J. D. e Beverly Jacobson, *Genetic Nutrition* (Nova York: Macmillan Co., 1993), pp. 5-6, 198, 200.

7. William Dufty, *Sugar Blues* (Nova York: Warner Books, 1986).

8. William G. Crook, M.D., *The Yeast Connection* (Jackson, TN: Professional Books/Future Health Inc., 1985).

9. Susan Lark, M.D., *The Menopause Self-Help Book* (Berkeley, CA: Celestial Arts, 1990); Lynn Murray Willeford, "Menopause Naturally", *New Age Journal*, setembro/outubro de 1995, pp. 151-52.

10. Linda G. Rector-Page, *Healthy Healing* (Sierra Foothills, CA: Healthy Healing Publications, 1994), p. 19; James F. Balch, M.D., e Phyllis A. Balch, C.N.C., *Prescriptions for Nutritional Healing* (Garden City, NY: Avery Publishing Group Inc., 1990), pp. 9-10.

11. Bernie Siegel, M.D., *Love, Medicine, and Miracles* (Nova York: HarperCollins, 1990).

12. Joan Borysenko, *Fire in the Soul: A New Psychology of Spiritual Optimism* (Nova York: Warner Books, 1993), [*Na Plenitude da Alma*, publicado pela Editora Cultrix, São Paulo, 1996.], *Guilt Is the Teacher, Love Is the Lesson* (Nova York: Warner Books, 1990), [*Um Livro para Curar o Coração e a Alma*, publicado pela Editora Cultrix, São Paulo, 1996.] *Minding the Body, Mending the Mind* (Reading, MA: Addison-Wesley Publishing Co., 1987) e co-autoria com Myroslav Borysenko, *The Power of the Mind to Heal* (Carson, CA: Hay House, 1994).

CAPÍTULO 10

1. Eu geralmente recomendo os livros relacionados na bibliografia.

2. Discurso do dr. Michael Lerner em Betty S. Flowers (org.), Bill Moyers *Healing and the Mind* (Nova York: Doubleday, 1993), p. 323, publicação anexa ao programa *Healing and the Mind*, de Bill Moyers (narr.), por David Grubin Productions, Inc. (prod.), 1993, transmitido pela TV PBS em 1994.

3. Andrew Weil, M.D., e Bernie Siegal, M.D., "Complimentary Medicines", 2ª Conferência sobre Corpo e Alma, Boston, MA, 15-17

de setembro de 1995; Andrew Weil, M.D., *Natural Health, Natural Medicine* (Boston: Houghton Mifflin, 1990) e *Health and Healing* (Boston: Houghton Mifflin, 1983).

4. Marlo Morgan, *Mutant Message Down Under* (Nova York: HarperCollins, 1994).

5. Bernie Siegal, M.D., *Love, Medicine, and Miracles* (Nova York: HarperCollins, 1990).

Bibliografia

Psiconeuroimunologia

Livros e artigos

Borysenko, Joan e Myroslav Borysenko. *The Power of the Mind to Heal.* Carson, CA: Hay House, 1994.

_______. *Fire in the Soul: A New Psychology of Spiritual Optimism.* Nova York: Warner Books, 1993. [*Na Plenitude da Alma*, publicado pela Editora Cultrix, São Paulo, 1996.]

_______. *Guilt Is the Teacher, Love Is the Lesson.* Nova York: Warner Books, 1990. [*Um Livro para Curar o Coração e a Alma*, publicado pela Editora Cultrix, São Paulo, 1996.]

_______. *Minding the Body, Mending the Mind.* Reading, MA: Addison-Wesley, 1987.

Brennan, Barbara. *Hands of Light.* Nova York: Bantam, 1988. [*Mãos de Luz*, publicado pela Editora Pensamento, São Paulo, 1990.]

Chopra, Deepak. *Ageless Body: Timeless Mind.* Nova York: Random House, 1993.

_______. *Perfect Health.* Nova York: Harmony Books, 1989.

_______. *Creating Health.* Boston: Houghton Mifflin, 1987.

Cousins, Norman. *Head First: The Biology of Hope and the Healing Power of the Human Spirit.* Nova York: Viking Penguin, 1990.

_______. *Anatomy of an Illness: Reflections on Healing and Regeneration.* Nova York: Norton Books, 1979.

Damasio, Antonio. *Descartes' Error: Emotion, Reason and the Human Brain.* Nova York: Putnam, 1995.

Dienstfrey, Harris. *Where the Mind Meets the Body.* Nova York: Harper Collins, 1991.

Dossey, Larry. *Healing Words: The Power of Prayer and the Practice of Medicine.* San Francisco: Harper, 1993. [*As Palavras Curam*, publicado pela Editora Cultrix, São Paulo, 1996.]

Flowers, Betty S. (org.). Bill Moyers' *Healing and the Mind.* Nova York: Doubleday, 1993. Encarte do vídeo *Bill Moyers' Healing and the Mind.* Bill Moyers (narr.), David Grubin (prod.), TV PBS, 1994.

Hay, Louise L. *The Power Is within You.* Carson, CA: Hay House, 1991.

_______. *You Can Heal Your Life.* Carson, CA: Hay House, 1987.

Kabat-Zinn, Jon. *Wherever You Go, There You Are: Mindfulness Meditation in Everyday Life.* Nova York: Hyperion, 1994.

_______. *Full Catastrophe Living: Using the Wisdom of Your Body and Mind to Face Stress.* Nova York: Delacorte Press, 1990.

Linn, Amy. "When the Body Heals Itself." *Ladies' Home Journal,* maio de 1995, p. 118.

Locke, Steven e Douglas Colligan. *The Healer Within.* Nova York: Dutton, 1986.

Northrup, Christiane. *Women's Bodies, Women's Wisdom.* Nova York: Bantam Books, 1994.

Ornstein, Robert e David Sobel. *The Healing Brain.* Nova York: Simon and Schuster, 1988.

Rosenberg, Steven. *The Transformed Cell.* Nova York: Putnam, 1992.

Siegel, Bernie. *Love, Medicine, and Miracles.* Nova York: Harper Collins, 1990.

______. *Peace, Love, and Healing: Bodymind Communication and the Path to Self-Healing.* Nova York: Harper Collins, 1990.

Obras de referência

Ader, Robert (org.). *Psychoneuroimmunology.* Nova York: Academic Press, 1981.

Bergsma, Daniel e Allan L. Goldstein (orgs.). *Neurochemical and Immunologic Components in Schizophrenia.* Nova York: Alan R. Liss, 1978.

Frederickson, Robert C. A., Hugh C. Hendrie, Joseph N. Hingten e Morris H. Aprison (orgs.). *Neuroregulation of Autonomic Endocrine and Immune Systems.* Boston: Martinus Nijhoff, 1986.

Kemeny, Margaret E., George F. Solomon, J. E. Morley e T. L. Herbert. "Psychoneuroimmunology." In C. B. Nemeroff (org.), *Neuroendocrinology.* Boca Raton, FL: CRC Press, Inc., 1992.

Korneva, Elena A., Viktor M. Klimenko e Elenora K. Shkhinek. *Maintenance of Immune Homeostasis.* Chicago: University Of Chicago Press, 1985.

Locke, Steven E. (org.). *Psychological and Behavioral Treatments for Disorders Associated with the Immune System: An Annotated Bibliography.* Nova York: Institute for the Advancement of Health, 1986.

______, Robert Ader, Hugo Besedovsky, Nicholas Hall, George Solomon e Terry Strom (orgs.). *Foundations of Psychoneuroimmunology.* Nova York: Aldine, 1985.

______ e Mady Horning-Rohann (orgs.). *Mind and Immunity: Behavioral Immunology, an Annotated Bibliography.* Nova York: Institute for the Advancement of Health, 1983.

White, Leonard, Bernard Tursky e Gary E. Schwarz (orgs.). *Placebo:*

Theory, Research, and Mechanisms. Nova York: Guilford Press, 1985.

Young, Stuart H., James M. Rubin e Harlan R. Daman (orgs.). *Psychobiological Aspects of Allergic Disorders.* Nova York: Praeger, 1986.

O *stress* e seus efeitos

Livros e artigos

Pelletier, Ken. *Holistic Medicine. From Stress to Optimal Health.* Nova York: Delacorte Press, 1979.

Sapolsky, Robert M. *Why Zebras Don't Get Ulcers: A Guide to Stress, Stress-Related Disease, and Coping.* Nova York: W. H. Freeman Co., 1994.

Obras de referência

Cooper, Edwin L. (org.). *Stress, Immunity, and Aging.* Nova York: Dekker, 1984.

Plotnikoff, Nicholas P., Robert E. Faith, Anthony J. Murgo e Robert A. Good (orgs.). *Enkephalins and Endorphins, Stress and the Immune System.* Nova York: Institute for the Advancement of Health, 1983.

Co-dependência e doença

Beattie, Melody. *A Reason to Live.* Wheaton, IL: Tyndale House, 1991.

______. *Codependent's Guide to the Twelve Steps.* Nova York: Prentice-Hall Parkside, 1990.

_______. *The Language of Letting Go.* San Francisco: Harper e Row, 1990.

_______. *Beyond Codependency: And Getting Better All the Time.* San Francisco: Harper, 1989.

_______. *Codependent No More: How to Stop Controlling Others and Care for Yourself.* Center City, MN: Hazelden, 1987.

Bradshaw, John. *Creating Love: The Next Stage of Growth.* Nova York: Bantam Books, 1992.

_______. *Homecoming: Reclaiming and Championing Your Inner Child.* Nova York: Bantam Books, 1990.

_______. Bradshaw *On: The Family.* Deerfield Beach, FL: Health Communications, 1988.

_______. *Healing the Shame That Binds You.* Deerfield Beach, FL: Health Communications, 1988.

Dowling, Collette. *You Mean I Don't Have to Feel This Way? New Help for Depression, Anxiety, Addiction.* Nova York: Scribner, 1991.

_______. *Perfect Women: Hidden Fears of Inadequacy and the Drive to Perform.* Nova York: Summit Books, 1988.

_______. *The Cinderella Complex.* Nova York: Summit Books, 1981.

Forward, Susan. *Obsessive Love: When It Hurts Too Much to Let Go.* Nova York: Bantam Books, 1992.

_______. *Toxic Parents: Overcoming Their Hurtful Legacy and Reclaiming Your Life.* Nova York: Bantam Books, 1989.

_______ e Craig Buck. *Betrayal of Innocence: Incest and Its Devastation.* Nova York: Penguin Books, 1987.

_______ e Joan Torres. *Men Who Hate Women and the Women Who Love Them.* Nova York: Bantam Books, 1986.

Mellody, Pia. *Facing Love Addiction: Giving Yourself the Power to Change the Way You Love.* San Francisco: Harper, 1992.

_______. *Breaking Free: A Recovery Workbook for Facing Codependence.* San Francisco: Harper e Row, 1989.

_______. *Facing Codependence: What It Is, Where It Comes From, How It Sabotages Our Lives.* San Francisco: Perennial Library, 1989.

Miller, Alice. *Breaking Down the Wall of Silence.* Nova York: Dutton, 1991.

______. *The Drama of the Gifted Child.* Nova York: Basic Books, 1990.

______. *Thou Shalt Not Be Aware.* Nova York: Farrar, Straus, Giroux, 1984.

______. *For Your Own Good.* Nova York: Farrar, Straus, Giroux, 1983.

Norwood, Robin. *Women Who Love Too Much: When You Keep Wishing And Hoping He'll Change.* Los Angeles: J. P. Tarcher, 1985.

Schaef, Anne Wilson. *Beyond Therapy, Beyond Science: A New Model For Healing the Whole Person.* San Francisco: Harper, 1994.

______. *Codependence: Misunderstood–Mistreated.* San Francisco: Harper, 1992.

______. *Meditations for Women Who Do Too Much.* San Francisco: Harper, 1992.

______. *Escape From Intimacy.* San Francisco: Harper & Row, 1990.

______. *Laugh! I Thought I'd Die (If I Didn't).* Nova York: Ballantine Books, 1990.

______. *Women's Reality: An Emerging Female System in a White Male Society.* San Francisco: Harper, 1985.

Woititz, Janet. *Adult Children of Alcoholics.* Deerfield, FL: Health Communications, 1983.

Doenças da mama

Hunt, Diana. "Mammogram Alert." *East/West,* setembro/outubro de 1991, p. 109.

Love, Susan. *Dr. Susan Love's Breast Book.* Reading, MA: Addison-Wesley, 1990.

Manes, Christopher. "The Cancer Legacy." *Lear's,* setembro de 1993, p. 53.

Michnovicz, Jon J. e Diane S. Klein. *How to Reduce Your Risk of Breast Cancer.* Nova York: Warner Books, 1994.

Northrup, Christiane. "How to Create Breast Health." *Creating Health Newsletter,* vol. 3, inverno de 1994.

Sexualidade e doenças sexualmente transmissíveis

Barbach, Lonnie. *For Yourself: The Fulfillment of Female Sexuality.* Garden City, NY: Doubleday, 1975.

Carnes, Patrick. *A Gentle Path Through the Twelve Steps.* Tucson: CompCare Publications, 1989.

______. *Out of the Shadows: Understanding Sexual Addiction.* Tucson: CompCare Publications, 1985.

Carrera, Michael. *The Language of Sex: An A to Z Guide.* Nova York: Facts on File Inc., 1969.

Dodson, Betty. *Sex for One: The Joy of Self Loving.* Nova York: Harmony Books, 1987.

LoPiccolo, Joseph e Julia Heiman. *Becoming Orgasmic: A Sexual and Personal Growth Program for Women.* Nova York: Prentice-Hall, 1987.

Masters, William H. e Virginia E. Johnson, *Human Sexual Response.* Boston: Little Brown, 1966.

Sarel, Philip. *Sexual Turning Points.* Nova York: Macmillan, 1984.

Woititz, Janet. *Healing Your Sexual Self.* Deerfield Beach, FL: Health Communications, 1989.

TPM, pré-menopausa e menopausa

Livros e artigos

Barbach, Lonnie. *The Pause: A Positive Approach to Menopause.* Nova York: Dutton, 1993.

Budoff, Penny Wise. *No More Hot Flashes and Other Good News.* Nova York: Putnam, 1983.

Dalton, Katarina. *The Menstrual Cycle.* Nova York: Pantheon Books, 1969.

Gaby, Alan R. *Preventing and Reversing Osteoporosis.* Rocklin, CA: Prima Publishing, 1994.

Gittleman, Ann Louise. *Super Nutrition for Menopause.* Nova York: Pocket Books, 1993.

Greenwood, Sadja. *Menopause Naturally.* Volcano, CA: Volcano Press, 1992.

Lark, Susan. *Menopause Self-Help Book.* Berkeley, CA: Celestial Arts, 1990.

_______. *Premenstrual Syndrome Self-Help Book.* Nova York: Forman Publishing, 1984.

Lauersen, Niels H. e Eileen Stukare. *Premenstrual Syndrome and You.* Nova York: Simon and Schuster, 1983.

Nachtigall, Lila e Joan R. Heilman. *Estrogen: A Complete Guide to Reversing the Effects of Menopause Using Hormone Replacement Therapy.* Nova York: Harper Collins, 1991.

Nazzaro, Ann. *The PMS Solution.* Minneapolis: Winston Press, 1985.

Norris, Ronald V. *PMS/Premenstrual Syndrome.* Nova York: Rawson Associates, 1983.

Sheehy, Gail. *The Silent Passage.* Nova York: Random House, 1991.

Walker, Lynne e Ellen Brown. *Breezing Through the Change.* Berkeley, CA: Frog Ltd., 1994.

Weed, Susun. *Menopausal Years.* Woodstock, NY: Ash Tree Publications, 1992.

Willeford, Lynn Murray. "Menopause Naturally." *New Age Journal,* setembro/outubro de 1995, pp. 151-52.

Wulf, Utian H. e Ruth S. Jacobowitz. *Managing Your Menopause.* Nova York: Simon and Schuster, 1991.

Obras de referência

Lee, John R. "Osteoporosis Review." *International Clinical Nutrition Review.* Vol. 10, nº 3, julho de 1990, pp. 384-91.

Prior, J. C. "Progesterone as a Bone Trophic Hormone." *Endocrine Reviews*, vol. 11, maio de 1990, pp. 386-96.

Bem-estar e psicologia

Achterberg, Jeanne. *Imagery in Healing: Shamanism and Modern Medicine.* Boston: Shambhala, 1985.

American College of Sports Medicine. *ACSM Fitness Book.* Champaign, IL: Human Kinetics Publishers, 1992.

Andrews, Lynn. *Medicine Woman.* Nova York: Harper Paperbacks, 1991.

Ardell, Donald. *High Level Wellness.* Berkeley, CA: Ten Speed Press, 1986.

_______. *Fourteen Days to Wellness Lifestyle.* Mill Valley, CA: Whatever Publishers, 1982.

Asistent, Niro Markoff, com Paul Duffy. *Why I Survive AIDS.* Nova York: Fireside/Simon and Schuster, 1991.

Balch, James F. e Phyllis A. Balch. *Prescriptions for Nutritional Healing.* Garden City, NY: Avery Publishing Group, Inc., 1990.

Barnard, Neal D. *The Power of Your Plate: Eating Well for Better Health.* Summertown, TN: Book Publishing Company, 1990.

Benson, Herbert e Eileen Stuart. *The Wellness Book.* Nova York: Simon and Schuster, 1992.

_______. *Your Maximum Mind.* Nova York: New York Times Books, 1987.

_______ e Miriam Z. Klipper. *The Relaxation Response.* Nova York: William Morrow, 1975.

Benton Goldberg Group (orgs.). *Alternative Medicine, The Definitive Guide.* Puyallup, WA: Future Medicine Publishing, Inc., 1993.

Boston Women's Health Collective. *The New Our Bodies, Our Selves.* Nova York: Simon and Schuster, 1984.

Brown, Lyn Mikel e Carol Gilligan. *Meeting at the Crossroads: Women's Psychology and Girls' Development.* Cambridge, MA: Harvard University Press, 1992.

Cargill, Marie. *Acupuncture: A Viable Medical Alternative.* Westport, CT: Praeger Publishers, 1994.

Castillejo, Irene Claremont. *Knowing Woman.* Nova York: Putnam Publications, 1973.

Cayce, Edgar. *The Edgar Cayce Collection,* vols. I-IV. Nova York: Random House, 1986.

Crook, William G. *The Yeast Connection.* Jackson, TN: Professional Books/Future Health Inc., 1985.

Dufty, William. *Sugar Blues.* Nova York: Warner Books, 1986.

Duke, Mark. *Acupuncture.* Nova York: Pyramid House Books, 1972.

Dunne, Lavon J. *Nutrition Almanac,* 3ª ed. Nova York: McGraw-Hill, 1990.

Estes, Clarissa Pinkola. *Women Who Run with the Wolves.* Nova York: Ballantine Books, 1994.

Ferguson, Tom. *Tom Ferguson's Health in the Information Age Letter* (trimestral), Self-Care Productions, 3805 Stevenson Ave., Austin, TX. 78703.

Frederick, Carlton. *The New Low Blood Sugar and You.* Nova York: Putnam Publishers, 1985.

Friedan, Betty. *The Fountain of Age.* Nova York: Simon and Schuster, 1993.

______. *The Second Stage.* Nova York: Summit Books, 1981.

______. *The Feminine Mystique.* Nova York: Norton Books, 1974.

Friedman, Meyer e Diane Ulmer. *Treating Type A Behavior and Your Heart.* Nova York: Fawcett, 1985.

Gawain, Shakti. *Creative Visualization.* Nova York: Bantam, 1983. [*Visualização Criativa,* publicado pela Editora Pensamento, São Paulo, 1990.]

Gilligan, Carol. *Making Connections: The Relational Worlds of Ado-*

lescent Girls. Cambridge, MA: Harvard University Press, 1989.

_______. *A Different Voice.* Cambridge, MA: Harvard University Press, 1982.

_______. *The Contribution Of Women's Thought To Developmental Theory.* Cambridge, MA: Harvard University Press, 1982.

Gittleman, Ann Louise e John M. Desgrey. *Beyond Pritikin.* Nova York: Bantam Books, 1989.

Goleman, Daniel e Joel Gurin (orgs.). *Mind Body Medicine: How to Use Your Mind for Better Health.* Consumer Reports Books, Consumers Union, 1993.

Iyengar, B. K. S. *Light on Yoga.* Nova York: Schocken Books, 1979. [*A Luz da Ioga*, publicado pela Editora Cultrix, São Paulo, 1986.]

Jaffe, Dennis T. *Healing from Within: Psychological Techniques to Help the Mind Heal the Body.* Nova York: Simon and Schuster, 1986.

Jung, Carl G. *Man and His Symbols.* Nova York: Doubleday, 1969.

Krieger, Dolores. *Accepting Your Power to Heal: The Personal Practice of Therapeutic Touch.* Santa Fé: Bear and Co., 1993. [*O Toque Terapêutico*, publicado pela Editora Cultrix, São Paulo, 1995.]

Kurtz, Ernest e Katherine Ketcham. *The Spirituality of Imperfection.* Nova York: Bantam Books, 1992.

Lerner, Harriet Goldhor. *The Dance of Deception.* Nova York: Harper Collins, 1993.

_______. *The Dance of Intimacy.* Harper and Row, 1989.

_______. *The Dance of Anger.* Nova York: Perennial Library, 1989.

Leonard, Linda. *Meeting the Madwoman.* Nova York: Bantam Books, 1993.

_______. *Witness to the Fire: Creativity and the Veil of Addiction.* Boston: Shambhala, 1989.

_______. *On the Way to the Wedding.* Boston: Shambhala, 1987.

_______. *The Wounded Woman.* Athens, OH: Swallow Press, 1982.

Luks, Allan e Joseph Barbato. *You Are What You Drink.* Nova York: Villard Books, 1989.

Morgan, Marlo. *Mutant Message Down Under.* Nova York: Harper Collins, 1994.

Murray, Michael e Joseph Pizzorno. *Encyclopedia of Natural Medicine.* Rocklin, CA: Prima Publishers, 1991.

Northrup, Christiane. *Holistic Medicine: A Meeting of East and West.* Tóquio: Japan Publishing, 1992.

Ornish, Dean. *Dr. Dean Ornish's Program for Reversing Heart Disease.* Nova York: Ballantine Books, 1992.

Pelletier, Ken. *Healthy People in Unhealthy Places.* Nova York: Delacorte Press/Seymour Lawrence, 1984.

_______. *Mind as Healer, Mind as Slayer.* Nova York: Delacorte Press, 1977.

Pennebaker, James W. *Opening Up: The Healing Power of Confiding in Others.* Nova York: William Morris, 1990.

Pritikin, Robert. *The New Pritikin Program.* Nova York: Simon and Schuster, 1990.

Ray, Sondra. *I Deserve Love: How Affirmations Can Guide You to Personal Fulfillment.* Berkeley, CA: Celestial Arts, 1976.

Rector-Page, Linda G. *Healthy Healing.* Sierra Foothills, CA: Healthy Healing Publications, 1994.

Robbins, John. *Diet for a New America.* Walpole, NH: Stillpoint, 1987.

Rodegast, Pat e Judith Stanton. *Emmanuel's Book. Nova York:* Bantam Books, 1987.

Rossman, Martin. *Healing Yourself.* Nova York: Walker Publishing, 1987.

Sanuels, Michael. *Healing with the Mind's Eye.* Nova York: Random House, 1992.

Schlosberg, Suzanne. "Body Language-Moody? Depressed? Tired? Translation: You Could Be Getting the Word That Your Diet Is All Wrong." *Los Angeles Times.* Seção E, 3 de outubro de 1995, pp. 1, 5.

Siegel, Bernie. *How to Live Between Office Visits.* Nova York: Harper Collins, 1993.

Simonton, O. Carl e Reid Henson, com Brenda Hampton. *The Healing Journey.* Nova York: Bantam Books, 1994.

______. Stephanie Matthews Simonton e James L. Creighton. *Getting Well Again: A Step by Step Self Help Guide to Overcoming Cancer for Patients and Their Families.* Los Angeles: J. P. Tarcher, 1978.

Smith, John M. *Women and Doctors: A Physician's Explosive Account of Women's Medical Treatment.* Nova York: Atlantic Monthly Press, 1992.

Tavris, Carol. *Anger: The Misunderstood Emotion.* Nova York: Simon and Schuster, 1989.

Vuori, Ilkka. "Exercising for Health." *World Health Forum* (publicação da Organização Mundial da Saúde), 8, nº 2, 1982, pp. 131-40.

Weil, Andrew. *Natural Health, Natural Medicine.* Boston: Houghton Mifflin, 1990.

______. *Health and Healing.* Boston: Houghton Mifflin, 1983.

Organizações e fontes de referência

Aleph One Ltd.
The Old Courthouse
Bottisham
Cambridge CB5 9BA
Inglaterra

Australian Psychological Society
National Science Centre
191 Royal Parade
Victoria 5075
Austrália

British Association for Counselling
1 Regent Place
Rugby
Warwickshire CV21 2PJ
Inglaterra

British Society of Hypnotherapy
37 Orbain Road
Londres SW6 7JZ
Inglaterra

Counselling and Meditation Service
20 Pitt Street
Parramatta
New South Wales 2150
Austrália

Himalayan Institute of Great Britain
70 Claremont Road
West Ealing
Londres W13 0DG
Inglaterra

Holistic Health and Healing Centre
10 Connaught Hill
Loughton
Essex IG10 4DU
Inglaterra

The Hypnothink Foundation
PO Box 66
Gloucester GL2 9YG
Inglaterra

International Association of Hypnoanalysts
The Hypnotherapy Centre
PO Box 180
1 Lowther Gardens
Bournemouth
Dorset BH8 8NH
Inglaterra

School of Meditation
158 Holland Park Avenue
Londres W11 4UH
Inglaterra

United Kingdom Council for Psychotherapy
167-69 Great Portland Street
Londres W1N 5FB
Inglaterra

World Federation of Hypnotherapists
3 Clifton Park
Cromer
Norfolk NR27 9BE
Inglaterra

Beth Moran atende a consultas por telefone, nos Estados Unidos, no número 001 1-877-WOM-ENSS (001-1-877-966-3677).